孟凡丽　编著

图说

温室葡萄栽培

关键技术

化学工业出版社

·北京·

图书在版编目（CIP）数据

图说温室葡萄栽培关键技术/孟凡丽编著. —北京：
化学工业出版社，2017.9
ISBN 978-7-122-30059-1

Ⅰ.①图… Ⅱ.①孟… Ⅲ.①葡萄栽培-温室栽培
Ⅳ.①S628

中国版本图书馆 CIP 数据核字（2017）第 154109 号

责任编辑：彭爱铭
责任校对：宋　玮　　　　　　　　　装帧设计：张　辉

出版发行：化学工业出版社（北京市东城区青年湖南街 13 号　邮政编码 100011）
印　　装：大厂聚鑫印刷有限责任公司
850mm×1168mm　1/32　印张 6¼　字数 167 千字
2017 年 9 月北京第 1 版第 1 次印刷

购书咨询：010-64518888（传真：010-64519686）　售后服务：010-64518899
网　　址：http://www.cip.com.cn
凡购买本书，如有缺损质量问题，本社销售中心负责调换。

定　价：**28.00 元**

前　言

　　葡萄是一种颇受大众喜欢的水果，有着广泛的市场需求。我国北方受气候影响，葡萄不能越冬种植，因此，20世纪50年代，辽宁、北京、天津、黑龙江等地率先开始了温室葡萄栽培的实践，至今这种做法已在我国北方广为普及，摸索和积累了丰富的技术经验，使得北方地区在任何时间都能品尝地产葡萄。

　　温室葡萄生产是通过对环境条件（主要是温度、湿度、光照、气体、水分等）进行控制，使温室内的气候条件与葡萄的生长发育所需的环境条件相适应，为葡萄生长发育提供良好的环境条件，实现葡萄优质、丰产、高效的一种生产方式。温室葡萄栽培可人为地提早或推迟葡萄的成熟期以及抵御某些不良自然灾害，不但可以繁荣果品市场，还可增加果农的经济效益，大大提高农民的收入。

　　在无霜期短的地区，如栽植生育期长的品种，浆果不能充分成熟，着色差，品质下降。温室栽培能较大幅度提高有效积温，延长葡萄生长期，使一些在当地露地栽培不能完全成熟的品种，能在温室内成熟良好，从而扩大了优良品种的种植范围。如我国黑龙江、辽宁、吉林、内蒙古等地已使在露地不能完全成熟的中熟优良品种在温室栽培条件下生产出优质葡萄。

　　温室栽培葡萄有利于控制病虫害传播，生产无公害果品。由于温室栽培环境相对密闭，可有效避免气象灾害，减少病害，利于葡萄品质稳定。葡萄的叶片和果实不直接接触雨水，从而可减少病害的发生，既节省了农药投资，又能生产出无农药污染的绿色食品，并能保护好果面，不受泥土和尘埃污染。葡萄在露地栽培条件下，常在开花授粉期间遭受低温、降雨或大风的危害，致使坐果不良、穗形不整齐，造成产量不稳定。而温室栽培能有效抵御这些自然灾害，坐果良好，从而有利于生产安全的绿色优质果品。

本书讲述了温室葡萄栽培要点，在传统技术规范的基础上，编录了近年出现的新品种和新技术，并且图文并茂，供读者参阅。在编写内容上力求从果农的实际需要出发，以生产实用技术为主，将理论知识融于技术操作中。以果树的物候期进展顺序为依据，重点突出周年生产管理技术。在编写体例上力求新颖，设置了知识链接内容，使版面变得新颖、活泼。

在本书的编写过程中查阅了大量的著作和文献，在此向提供参考文献的众多研究者表示由衷的感谢。由于时间仓促，书中不当之处在所难免，恳请广大读者见谅并批评指正，在此深表感谢！

编著者

2017.4

目 录

第一章 概况

第一节 温室葡萄栽培的意义和特点

一、温室葡萄栽培的意义

温室葡萄栽培是在可控制的光照、温度、水分、气体等条件下进行葡萄生产，人为地提早或推迟葡萄的成熟期以及抵御某些不良自然灾害影响的一种特殊的葡萄栽培形式。温室葡萄栽培在生产中有其重要意义。

1. 容易生产出无公害果品

传统的露地葡萄生产，花期因降雨、低温、大风等不利环境条件造成坐果率降低，进入雨季后，各种真菌性病害如白腐病、霜霉病等容易发生，严重影响葡萄的品质和产量，给葡萄生产造成巨大的损失。而在温室条件下，人为地为葡萄生产提供了一个较优良的环境条件，能够有效地抵御不良环境因素，减轻病虫害的发生与发展，从而大幅度减少了农药的使用次数和使用量，为生产无公害果品提供了一条良好的途径。

2. 调节市场供应

温室葡萄栽培通过对温室内的温度等条件的调控，可以人为地控制葡萄的成熟期。在 1 月中下旬葡萄休眠期过后揭帘升温，使葡萄在 2 月中下旬萌芽，在 5 月中下旬至 6 月上旬成熟，同一品种葡萄一般比露地栽培条件下提早成熟 30～60 天，延长了同品种的市场供应期，提早上市并解决了市场淡季对葡萄的需求。

在温室葡萄栽培中除了促成提早成熟外，黑龙江省哈尔滨市、河北省怀来县、山东省平度市等地采用后期覆盖技术，推迟果实成熟期，进行红地球、牛奶等品种的延迟栽培，使葡萄的采收推迟到 11 月下旬乃至 12 月下旬，取得了良好的经济效益和社会效益。并且所生产的葡萄果实的品质也比储藏的果品好得多。

我国露地葡萄成熟期一般都集中在 7 月下旬至 10 月上旬，此期间我国大部分地区降水量大而集中，给优质生产带来不利的影响；而大量葡萄集中上市，必然造成葡萄供过于求、销售价格下降，严重影响了生产者的经济效益。温室葡萄栽培调节了葡萄市场供应，防止果品过分集中上市给生产与销售带来的压力。

3. 扩大葡萄栽培区域

在温室栽培条件下，通过对各种环境条件的调控，延长葡萄的生长期以及创造适合葡萄生长的环境条件，扩大葡萄的栽植区域。如我国的东北及西北北部寒冷地区，无霜期短，有效积温不足，许多优良的鲜食品种不能正常成熟，限制了葡萄的发展与生产。而在温室条件下，葡萄生长期可以延长 60 天左右。如在我国北方哈尔滨地区温室内栽培红地球品种延迟到 11 月底采收获得成功，使许多大粒优质中晚熟葡萄品种在这些地区的栽培成为可能。

二、温室葡萄栽培的特点

1. 可控制果实成熟期

在温室条件下，可以人为地调控栽培环境因素，使葡萄果实成熟期提前或延后，甚至可使某些树种四季结果，周年供应市场。例如，一般露地栽培的巨峰葡萄等，6 月初开花，果实于 8 月中、下旬成熟，在日光温室中，可以提前到 2 月下旬开花，4 月下旬果实成熟上市。这对满足水果淡季供应起到重要作用。

2. 促进植株生长，提高产量

葡萄在温室条件下，各物候期提早，生长期延长，制造的光合产物多，成花一般较好。葡萄均能当年栽植，当年成花，次年结果或丰产。温室葡萄比露地增产 1～2 倍。

在温室栽培条件下，可有效防御花期低温、降雨、大风的侵害，从而使授粉、受精过程正常进行，坐果可靠，产量较高。此外，由于葡萄果实提前采收或生长期拉长，使植株储藏营养积累较多，花芽分化早而完善。对次年早期开花、坐果和新梢生长有利。因此，能取得连年丰产、稳产。

3. 预防自然灾害

葡萄在露地栽培时常常受到暴风、降雪、冰雹、晚霜、暴雨等自然灾害，或者虽然不是直接灾害，由于间接的原因也会受到损失，但在温室设施中进行，可避免和防御这类自然灾害，获得高产稳产。

4. 扩大种植范围

葡萄由于系统进化形成了各自稳定的生物学特性，在自然条件下，对环境条件有一定的要求。温室栽培条件下，由于人工控制各种生态因子，因此，不受地理条件的限制，只要能创造葡萄生育的条件，基本可以栽培很多品种葡萄。

第二节　温室葡萄栽培发展趋势、方向、问题和对策

一、温室葡萄产业发展趋势

1. 栽培温室向大型化发展

大型栽培设施具有投资省、土地利用率高、设施内环境相对

稳定、节能、便于作业和产业化生产等优点。温室葡萄发达国家选择在光热资源较为充足的地区，建立起大面积的大型栽培温室群，连片产业化生产，规模化程度大幅提高。

2.设施节能技术受到重视

设施生产大国都在积极寻求节能对策来降低生产成本。主要是开发设施生产新能源，对设施生产提出了栽培技术、设施结构、环境管理三位一体的发展方针，以尽量减少能源消耗。

3.逐渐向发展中国家转移

20世纪90年代前，世界温室葡萄主要集中在欧、美一些农业发达的国家和地区，近年来逐渐转移到气候条件优越、土地资源丰富及劳动力价格低廉的国家和地区，特别是在一些发展中国家温室葡萄开始迅速发展。

4.逐渐向植物工厂发展

植物工厂是继温室栽培之后发展的一种高度专业化、现代化的设施农业。它与温室栽培不同点在于，完全摆脱自然条件和气候的制约，应用近代先进技术设备，由人工控制环境条件，全年均衡供应产品。

随着发达国家温室葡萄面积不断扩大，管理机械化、自动化程度逐渐提高，计算机智能化温室综合环境控制系统开始普及，技术先进的现代化设施成为葡萄生产的重要方式，形成设施设备制造、环境调控、生产资料供应为一体的多功能体系，工厂化生产已成为温室葡萄发展的方向。温室葡萄栽培最为发达的日本、荷兰和比利时等，其保护地环境条件如温、湿、气、水等调节已达到计算机全自动控制的现代化水平。

二、温室葡萄栽培的发展方向

今后葡萄温室栽培应重点研究以下几个课题。

一是设施构造。目标是功能强、成本低、节能、小型化。并研究适宜的覆盖材料、构形特征、成本收益、功能控制等。二是确立优质高产栽培技术。适合于温室栽培品种的筛选与选育，树体结构与整形修剪技术，环境调节与控制技术，土、肥、水管理模式，生理障碍及病虫害防治等技术的建立。三是温室条件下生理基础的研究。生理基础的广泛深入研究是确立栽培技术的依据。应加强葡萄周年生长分析与发育生理方面的研究，探明温室环境因子与葡萄生长发育、产量、品质构成之间的相关性及最佳模式调控。另外应开展不同品种的低温需求量与适应性，营养的吸收、分配、运转特性，内源激素的相应体系以及生长调节剂应用等方面的研究。四是温室栽培的配套研究。温室葡萄栽培的社会效益、生态效益、生产体系、销售体系等都是今后研究的内容。

三、温室葡萄产业存在的问题

近年来，我国温室葡萄产业发展迅速，但与一些先进国家相比，还有较大差距，存在诸多有待解决的问题。

1. 品种结构不合理

目前，我国温室葡萄生产品种结构极不合理，以巨峰和红地球为主，其他品种较少，难以满足消费者的多样化需求，而且目前我国温室葡萄生产所用品种基本上是从现在露地栽培品种中筛选的，盲目性大，对其温室栽培适应性了解甚少，甚至有些品种不适合温室栽培，因此引进和选育葡萄温室栽培适用品种已成为当务之急。

2. 机械化水平低，工作效率差

目前在我国温室葡萄生产中自动化控制设备不配套，机械化作业水平低，劳动强度大，工作环境差，劳动效率低，仅为日本的1/5。温室生产设备是设施生产技术的薄弱环节，对温室葡萄的进一步发展已经形成制约。目前虽然研发了一些温室设施生产装备，但这些装备在生产效率、适应性、作业性能、可靠性和使用寿命等方面仍存在一些问题。

3. 节本、优质、高效、安全生产模型尚未建立

尽管自 20 世纪 90 年代以来我国温室葡萄生产发展很快，就不同品种、不同生态型的葡萄温室栽培技术发表了大量的经验性总结文章，但总体来说仅仅是建立了温室葡萄生产技术体系的雏形，距标准化的要求还有很大差距，深入研究不同地域、不同品种、不同类型温室栽培条件下葡萄的生长发育模式及适宜的环境指标，进而提出相应的节本、优质、高效、安全生产技术模型，是实现温室葡萄标准化生产需要研究的课题。

4. 果品质量差，产期过于集中

当前，我国温室葡萄生产中大多对果品质量重视不够，主要表现为经温室栽培后，出现果实含糖量降低、酸含量增加、风味变淡、着色较差、果个偏小和果实畸形率高等现象。除与种性有关外，还与栽培技术有很大关系。而且目前我国温室葡萄生长主要以促早栽培为主，缺乏元旦和春节期间上市的葡萄品种。

5. 连年丰产技术体系尚未完善

葡萄经温室栽培后，存在严重的"隔年结果"现象。大多数品种第二年产量锐减、品质低劣，严重影响温室葡萄生产的经济效益和可持续发展。

6. 温室葡萄产业化程度低

温室葡萄生产高投入、高产出、高技术和高风险的特点，决定了其必须走产业化发展之路。然而当前我国温室生产分布范围广而分散，规模化生产和集约化程度低，而且在实际操作中仅重视生产环节，对果品采后的分级、包装以及市场运作和品牌经营等不够重视，生产形式单一，以鲜食为主，并且还远没有形成产业化基础。龙头企业规模小，带动能力差，市场经营绩效差。

7. 体系与规则建设任重道远

我国温室葡萄标准化生产尚处于初级阶段，许多标准欠缺，已制定的一些标准有待于组装集成和实施。我国专业信息服务网

络还不完善，存在明显信息滞后和信息不对称。农民组织化程度低，抵御市场风险和自然灾害的能力很差，急需建立起符合中国国情并行之有效的合作组织。营销单位不遵守市场规则，无序竞争，竞相压价，扰乱市场秩序，这是影响我国温室葡萄经济效益的重要制约因素。

8. 现代技术推广体系急需完善和创新

现阶段我国农业科技推广体系已严重不适应发展现代农业的要求，基层科技队伍不稳定，人员数量下降，技术素质差，没有稳定充足的经费来源，严重影响了温室葡萄生产新技术的推广应用。

四、促进温室葡萄产业发展的对策

根据党的十七届三中全会提出的"积极发展现代农业，大力推进农业结构战略性调整，实施蔬菜、水果等园艺产品集约化、设施化生产"的要求，我国温室葡萄产业发展的总体对策是依靠温室葡萄管理技术创新和新技术推广，实行规模化生产，大力提升市场竞争力，促进农民增收，农业增效，实现我国由温室葡萄生产大国向产业强国转变。

1. 实施区域化发展战略，建设优势产业带

发挥地方优势，实现均衡发展，重点建设优势产区。在优势产区实施标准化生产，进行先进技术组装集成与示范，强化产品质量全程监控，健全市场信息服务体系，扶持壮大市场经营主体，加速形成具有较强市场竞争优势的保温室葡萄产业带（区）。

2. 加强温室葡萄专用品种的引进筛选、自主选育和种苗标准化生产体系建设

我国要在温室葡萄产业争取国际竞争优势，必须坚持"自育为主，引种为辅"的指导思想，充分利用我国丰富的葡萄资源，选育适于我国温室葡萄生产的优良专用品种和抗性砧木，加大国外温室葡萄优良品种及适宜砧木的引种与筛选，为温室葡萄产业

发展提供品种资源支持。

我国葡萄良种苗木繁育体系极不健全，品种名称炒作现象繁多，乱引乱栽，假苗案件时有发生，葡萄检疫性虫害根瘤蚜有逐步蔓延之势，许多苗木自繁自育，脱毒种苗比例不足2%，出圃苗木质量参差不齐，严重影响了温室葡萄生产的建园质量及果园的早期产量和果实质量。加强我国葡萄良种苗木标准化繁育体系建设已势在必行。

3. 研发温室葡萄节本、优质、高效、安全生产技术体系

加强温室葡萄低成本、洁净优质、连年丰产理论与技术的研究与推广，实现温室葡萄的连年优质丰产和可持续发展。加强研发适合我国国情的设施结构和覆盖材料，即小型化、功能强、易操作、成本低、抗性强，适合温室葡萄生产的设施结构和覆盖材料，以尽快解决我国温室葡萄生产中设施结构存在的问题。加强研发适合我国国情的设施生产装备，提高机械化水平，减轻劳动强度，提高劳动效率。加强温室葡萄产期调节技术研究，加强温室条件下的环境和植株控制，大力推广产期调节技术，调整温室葡萄产期，使之逐渐趋于合理。加强温室葡萄物流与保鲜、加工等重大关键技术研究与开发，实现温室葡萄生产中产后全程质量控制，确保丰产丰收。

4. 加强温室葡萄生产信息化技术的研究与应用

研究温室葡萄数字化技术，开展农村果树信息服务网络技术体系与产品开发应用研究，构建面向温室葡萄研究、管理和生产决策的知识平台，为温室葡萄生产的科学管理提供信息化技术。

5. 积极培育龙头企业，建立健全农业合作组织，实施产业化发展战略

积极创造有利环境，培育壮大龙头企业。进一步完善企业与生产者的利益联结机制，鼓励企业与科研单位、生产基地建立长期的合作关系。积极发展经济合作组织和农民协会，不断提高产业素质和果农的组织化程度。

6. 加强温室葡萄产业经济研究，开拓国际市场

加强温室葡萄产业经济研究，建立温室葡萄产业信息系统，研究世界主要主产国的相关信息和政策，长期跟踪世界葡萄市场变化与我国温室产业发展趋势，制定我国外向型温室葡萄产业的政策支持体系，以此大力提高我国温室葡萄质量和国际竞争力，扩大和巩固国外市场占有份额。通过增加温室葡萄出口，带动整个设施葡萄产业的发展。同时，把开拓国际市场与国内市场结合起来，逐步完善市场体系，大力搞活流通，扩大产品销量。

7. 重视和加强温室葡萄技术推广体系建设

为保证和促进我国温室葡萄的可持续发展，应恢复和完善各级果树科技推广体系，保证温室葡萄新品种、新技术等信息进村入户和推广应用；加强各级技术员培训体系建设，保证各级果树生产技术人员与时俱进，掌握温室葡萄现代化生产技术，为温室葡萄产业的可持续发展提供科技支撑。

第二章 温室葡萄栽培类型和品种

第一节 栽培类型

温室葡萄栽培，是一种增效栽培形式。它改变了传统的露地栽培方法，通过设施人为地创造适合葡萄生长的生态环境，在一定程度上按预定的时间促使葡萄提早或延迟成熟上市，进而获得较高的经济效益。同时，温室栽培还具有防止自然灾害及降低不良气候条件的影响、减轻病虫为害、减少农药污染的作用。

一、促成栽培

促成栽培是指为了使葡萄提早成熟上市，而在不适合葡萄生长发育的寒冷季节，利用特制的防寒保温和增强采光性能的保护设施，通过早期覆盖等措施，人为地创造适合葡萄植株生长发育的小气候条件，使葡萄提早发芽、开花和成熟，最终达到提早上市的目的。促成栽培，是我国保护地葡萄栽培最主要的形式。

1. 促早栽培

促早栽培是以提早成熟上市为主要目的的保护地栽培，也是最为常见的保护地栽培。常用于促早栽培的保护设施有四种类型。

（1）单面采光塑料温室栽培。这是应用最普遍的一种设施类型，简称塑料日光温室（图 2-1）。它以透光性能较好的塑料薄膜覆盖、单面（南向）受光、三面（东、西、北）保温为基础进行建造，成本低，采光、保温性能好。

图 2-1　塑料日光温室

（2）玻璃棚面温室栽培。在玻璃温室内进行葡萄栽培。温室根据加热方式又分为日光温室（图 2-2）和加热日光温室两种。日

图 2-2　玻璃日光温室

光温室是指温室内无加热装置，其升温主要依靠日光照射。加热日光温室是指温室除靠日光加温外，还采用各种附加热源进行加温。

由于玻璃温室造价过高，加之太阳中紫外线通过玻璃后减少较多，因此生产上大面积利用玻璃温室进行葡萄生产的相对较少。其只适用于经济条件较好的科研、教学、示范园区等单位采用。

2. 促成兼延迟栽培

在促成栽培的基础上，利用葡萄二次结果能力较强的品种，促发二次果，达到一年二熟、增产增收的目的，如二次果生产日期不足可延迟成熟采收上市。

二、延迟栽培

延迟栽培是指利用日光温室进行增温和保温，通过后期覆盖措施延迟葡萄的生育期，使果实延迟到当年11月或12月采收上市。延迟栽培以延长葡萄浆果成熟期、延迟采收、提高葡萄浆果品质为目的。这种栽培方法可以省去葡萄储藏费用，实现树上储藏，一定程度上延长了葡萄的供应时间，而且品质优良。进行葡萄延迟栽培尽量选择晚熟品种为好。

在北方葡萄产区，葡萄晚熟品种成熟期多在9月下旬至10月上旬，在成熟前采用温室设施覆盖，减少昼夜温差，并防止10月中、下旬以后急骤降温的影响，从而使葡萄成熟采收期推迟到11月上、中旬以后。这样不但可以延长鲜食葡萄自然上市供应时间，而且可以使一些优质、耐储的晚熟品种充分成熟，显著提高葡萄的商品品质和栽培效益。

延迟栽培是我国葡萄设施栽培新的发展方向。尤其在我国东北、华北北部、西北北部地区多数晚熟优质品种由于有效积温不够，露地栽培不能正常成熟，通过利用设施栽培扩大了这些优良品种的栽培区域，丰富了这些地区的葡萄市场。

第二节　温室葡萄品种选择原则

① 选择果粒大，果穗紧密、整齐，色泽艳丽，风味浓郁，抗病耐储运品种。

② 选择易形成花芽，花芽着生节位低，坐果率高，容易连年丰产的品种。

③ 根据栽培目的来选择品种。促成栽培要选用需冷量短的品种，以早中熟品种为主，使早熟、特早熟葡萄品种通过温室栽培成熟更早，以填补夏季果品市场；延迟栽培以晚熟品种和极晚熟品种为主，尽量延长葡萄采收时间。

④ 选择散射光条件，易着色，且整齐一致的品种。

⑤ 注意各成熟期品种的合理搭配。目前消费者要求水果能够周年供应，因此要想占领各个水果淡季市场，保护地栽培葡萄时就必须考虑早、中、晚熟品种合理搭配栽植，避免单一化，但是每个棚室中最好栽植一个品种或是成熟期基本一致的同一品种群的品种，便于统一管理。

⑥ 据市场需求选择品种。各地区消费习惯不同，应根据当地的消费习惯，选择消费者喜欢的品种。

第三节　适宜品种

【知识链接】 葡萄品种分类

葡萄在植物学分类中属于葡萄科、葡萄属。葡萄属内约有70多个种，但在生产上应用最多的是三个种以及它们的种间杂交种，即欧亚种葡萄、美洲种葡萄、山葡萄和欧美杂交种、欧山杂交种。

（1）欧亚种葡萄

欧亚种葡萄在世界上栽培最为广泛，世界葡萄优良品种中绝大部分都属于欧亚种葡萄，根据这些品种的起源地，又可分为三个重要的品种群。

①西欧品种群。起源于西欧地区，主要为酿造品种和鲜食品种，受人工选择和生态条件的影响，这一品种群的葡萄品质优良，抗寒、抗旱性较强，如赤霞珠、霞多丽、玫瑰香、意大利亚。

②黑海品种群。起源于黑海沿岸，抗寒性稍弱，主要为鲜食品种和酿造品种，如花叶鸡心和晚红蜜等。

③东方品种群。主要起源于中亚，几乎全为鲜食品种，其抗旱性、抗寒性及抗土壤盐碱的能力均较强，如牛奶、龙眼、里扎马特等品种。

（2）美洲种葡萄　起源于北美东部地区，有许多种类和品种，现多在美国、加拿大栽培，抗病、抗湿，果实具肉囊，有明显的草莓香味，多为制汁和砧木品种，如康克、玫瑰露、贝达、5BB、SO_4 等。

（3）山葡萄　原产东亚和东北亚地区，抗寒性极强，除个别品种外，多为野生类型。陕西地区也有分布，主要用于酿造和作抗寒砧木，如双庆、左山 1 号等。

（4）欧美杂交种葡萄　由欧亚种葡萄和美洲种葡萄杂交选育而成，抗寒、抗病，生长旺盛，栽培较为容易，如鲜食品种巨峰、8611、夏黑、黑奥林、信浓乐等。

（5）欧山杂交种葡萄　由欧亚种葡萄和山葡萄杂交而成，抗寒、抗病，主要为酿造品种，也可作抗寒砧木，如北醇、公酿 1 号、北冰红等。

一、适合促成栽培的优良品种

1. 茉莉香（图 2-3）

别名着色香、苏丹玫瑰、张旺一号、极品香。早熟品种。该品种系欧美杂交种，雌能花。在吉林 5 月初萌芽，5 月 10 日左右展叶，6 月 15～19 日开花，需无核化处理，否则不能保证稳产高产，无核化处理无核率可达 98％以上，果实生育期 100～110

图 2-3 茉莉香

天，8月末着色成熟，果实颜色紫红色，单果重 5g，经膨大处理可达 8g，穗重 500～1000g。可溶性固形物含量 22%，有浓厚的茉莉香味，品质极好。枝条成熟极好，在吉林－40℃无冻害（埋土 10cm 防寒），抗病性极强，病害较轻，丰产稳产。适宜大部分地区栽培。

2. 夏黑（图 2-4）

早熟鲜食三倍体无核品种。果穗圆锥形间或有双歧肩，穗大，平均穗重 415g。果穗大小整齐，果粒着生紧密或极紧密。果粒近圆形，黑紫色或蓝黑色，平均粒重 3.5g。赤霉素处理后，果粒大，平均粒重 7.5g。果粉厚，果皮厚而脆，无涩味。果肉硬脆，无肉囊。果汁紫红色。味浓甜，有浓郁草莓香味，无种子。可溶性固形物含量 20%～22%。鲜食品质上等。植株生长势极强。隐芽萌发力中等。芽眼萌发率 85%～90%，成枝率 95%，枝条成熟度中等。每果枝平均着生果穗 1.45～1.75 个，隐芽萌发的新梢结实力强。浆果早熟。抗病力强，不裂果，不脱粒。适合全国各葡萄产区种植。

图 2-4　夏黑

3. 无核白鸡心（图 2-5）

此品种为早中熟鲜食无核品种。果穗长圆锥形，穗大，平均穗重 620g，最大穗重 1700g。果穗大小较整齐，果粒着生中等紧密。果粒略呈鸡心形，黄绿色或金黄色，中等大，平均粒重 5.0g，果粉薄，果皮薄而韧，与果肉较难分离。果肉硬脆，汁较多，味

图 2-5　无核白鸡心

甜，略有玫瑰香味。无种子。总糖含量 15%～16%，可滴定酸含量 0.55%～0.65%，鲜食品质极上。

植株生长势强。芽眼萌发率 42%～46%，结果枝率 74.4%。每果枝平均着生果穗 1.3 个。产量较高。在辽宁沈阳地区，5 月初萌芽，6 月上旬开花，8 月中、下旬浆果成熟，从萌芽到浆果成熟需 110～115 天。此期间活动积温为 2500～2600℃。抗逆性中等，抗霜霉病力与巨峰品种相似，抗黑痘病和白腐病力较弱。可用于制罐和制干，栽培上用赤霉素处理后果粒可增大 1 倍左右，生长势强，应注意保持树势中庸以保证花芽的数量、质量和稳产性。适合全国大多数地区种植。宜小棚架或篱架栽培。以短梢修剪为主。

4. 玫瑰香 （图 2-6）

中熟品种。欧亚种。是我国北方主栽品种，目前在山东、河北、天津等地均有较大面积的栽培。果穗圆锥形，中等大，平均穗重 350g。果粒着生疏散或中等紧密，椭圆形或卵圆形，果皮黑紫色或紫红色，果粒中小，平均粒重 4.5g，果粉较厚，果皮中等厚，易与果肉分离，果肉稍软，多汁，果味香甜，有浓郁的玫瑰香味。

图 2-6　玫瑰香

植株生长势中等，成花力极强，每个结果枝平均着生 1.5 个果穗。适应性强，抗寒性强，根系较抗盐碱，但抗病性稍弱，尤其易感染霜霉病、黑痘病和生理性病害水罐子病，因此生产中应加以注意。栽培中注意加强肥水管理，确定合理负载量，开花前要及时摘心、掐穗尖，以促进果穗整齐、果粒大小一致。

5. 醉金香 （图 2-7）

中熟品种。四倍体品种，欧美杂交种。果穗圆锥形，穗特大，平均穗重 800g。果穗紧凑。果粒倒卵圆形，充分成熟时果皮呈金黄色，果粒大，平均粒重 13g，成熟一致，大小整齐，果皮中厚，与果肉易分离，汁多，香味浓，无肉囊，品质上等。

植株生长旺盛，每个结果枝平均着生 1.32 个果穗。丰产，抗病性较强。果实成熟后有落粒现象，生产中注意要及时采收。该品种不适宜长途运输，宜在城郊及交通便利的地区栽植。

6. 巨峰 （图 2-8）

中熟品种。欧亚种。为我国葡萄的主栽品种。果穗圆锥形带副穗，中等大或大，平均穗重 400g，最大穗重 1500g。果穗大小整齐，果粒着生中等紧密。果粒椭圆形，紫黑色，粒大，平均粒重 8.3g，最大粒重

图 2-7　醉金香　　　　　　　图 2-8　巨峰

20g。果粉厚，果皮较厚而韧，有涩味。鲜食品质中上等。

植株生长势强。芽眼萌发率为70.6%，结果枝占芽眼总数的44.5%。每果枝平均着生果穗1.37个。早果性强。正常结果树一般产量为22500kg/hm²。在郑州地区，4月下旬萌芽，5月中、下旬开花，8月中、下旬浆果成熟。从萌芽至浆果成熟需137天。此期间活动积温为3289℃。浆果中熟。抗逆性较强，抗病性较强。栽培上应注意控制花前肥水，并及时摘心，花穗整形，均衡树势，控制产量。适应性和抗病性较强。棚、篱架栽培均可。

7. 奥古斯特（图2-9）

早熟品种。欧亚种。果穗圆锥形，穗大，平均穗重580g，最大穗重1500g。果粒着生较紧密，短椭圆形，果皮绿黄色，充分成熟后为金黄色，果粒大小均匀一致，平均单粒重8.3g，最大粒重12.5g，果皮中厚，肉硬而脆，味甜，稍有玫瑰香味。果实耐拉力强，不易脱粒，耐运输。

植株生长势强。枝条成熟度好，结实力强（每果枝平均着生果穗数为1.6个）。副梢结实力极强，早果性好，定植第二年开始结果，产量高。在河北昌黎4月15日前后萌芽，5月28日前后始花，7月底浆果开始成熟。采用日光温室栽培，6月上旬浆果即可成熟上市。抗旱力中等。抗病力较强。果实耐拉力强，不易脱敏，耐运输。穗大、粒大、金黄色、品质优良。丰产。应控制结果量，及时夏剪和注意氮、磷、钾均衡施肥。篱架、棚架或小棚架栽培均可。以中、短梢修剪为主。可用于保护地栽培，是一个有发展前途的鲜食葡萄新品种。

图2-9　奥古斯特

8.无核早红（8611）（图 2-10）

设施栽培生长势较强，适于小棚架和中长梢修剪，枝条粗壮，

图 2-10　无核早红

容易形成花芽，芽眼萌发率 69%，结果枝率 62%，结果系数为 2.23，副梢结实力强，可用于二次结果。在露地栽培从萌芽到果实成熟需要 96～100 天，日光温室栽培果实于 5 月上旬即可成熟上市。是当前设施栽培中早熟、无核、丰产、抗病的优良品种。设施栽培应注意用赤霉素花前及花后处理花序，坐果后注意整穗、疏粒，以提高商品价值。

9.维多利亚（图 2-11）

早熟品种。欧亚种。目前在河北、山东、辽宁等地均有栽培。果穗圆锥形或圆柱形，穗大，平均穗重 630g。果粒着生紧密，长椭圆形，果皮绿黄色，粒大，平均单粒重 9.5g，果皮中厚，肉硬而脆，味甘甜，品质佳，果粒耐拉力大，较耐运输。

图 2-11　维多利亚

植株生长势中等，每个结果枝平均着生 1.5 个果穗，副梢结实力较强。丰产，抗灰霉病能力强，抗霜霉病和白腐病能力中等，生长季要加强对霜霉病和白腐病的综合防治。该品种对肥水要求较高，采收后要及时施入腐熟的有机肥。栽培中要严格控制负载量，及时疏穗、疏粒，以促进果粒膨大。该品种适于干旱、半干旱地区和保护地栽培。

10. 优无核（图 2-12）

中熟品种。欧亚种。原产地美国。在山东、河北、河南有栽培。果穗圆锥形，穗大，平均穗重 630g，最大穗重 800g。果粒着生紧密。果粒近圆形，黄绿色，充分成熟时为金黄色，较大，平均粒重 5g，最大粒重 7.5g。果粉少，果皮中等厚。果肉硬而脆，味酸甜。无种子。可溶性固形物含量为 16.5%，可滴定酸含量为 0.78%。品质上等。

图 2-12　优无核

植株生长势强。芽眼萌发率为 62.3%，结果枝率达 60% 以上。每果枝平均着生果穗数为 1.3 个。在山东青岛地区，4 月上旬萌芽，5 月 20～25 日开花，8 月上旬浆果成熟。从萌芽到浆果成熟需 121～135 天。抗病力较强，不裂果。宜采用棚架栽培，以中、长梢结合修剪为主。

11. 乍娜（图 2-13）

对直射光要求不严，散射光条件下能够正常生长结果，着色良好，适宜设施高温高湿的生态条件。乍娜萌芽期较晚，当昼夜平均温度达到 12℃ 时开始发芽，开花时要求温度 28℃ 左右，湿度 70%～75%。果实生长期要求温度为 26～30℃，相对湿度控制在 60% 左右，经过果实膨大期、着色期直达果实成熟。乍娜在设施

图 2-13　乍娜

中栽培，表现出容易栽培、早期丰产，病虫害和裂果均少于露地栽培。但应注意控制产量，每 $667m^2$ 产量不要超过 1500kg；如结果过多，则果实着色慢；风味变淡，酸味增加，并引起树势早衰。果实生长期注意土壤湿度要保持相对稳定，少施氮肥，多施磷、钾肥，着色后少浇水。乍娜在露地栽培从萌芽到果实成熟需要 100 天左右，日光温室栽培一般比露地提早成熟 50～60 天。乍娜是设施栽培耐散射光、较适宜的早熟优良品种。另外，乍娜的早熟芽变早乍娜 （90-1），其性状基本同乍娜，成熟期比乍娜早 7～10 天，在设施中促成提早栽培表现较好。

图 2-14　里扎马特

12. 里扎马特（图 2-14）

又名玫瑰牛奶。中熟品种。欧亚种。目前我国各地均有栽培。果穗圆锥形，穗大，平均穗重 800g。果粒着生稍松散，果粒为长椭圆形，果皮底色黄绿，半面紫红色，美观，平均单粒重 10g，最大粒重 20g，但有时果粒大小不整齐，皮薄肉脆，多汁，果皮与果肉难分离，味酸甜爽口，品质上等。果实不耐储藏和运输。

植株生长势强，每果枝均着生 1.13 个果穗，丰产性中等。该品种对水肥和土壤条件要求较严，管理不善易造成大小年和果实着色不良现象，应及时进行果穗整形和疏果。抗病力中等，易感染黑痘病、霜霉病和白腐病，果实成熟期遇雨易裂果，适于在降水较少而有灌溉条件的干旱和半干旱地区栽培。宜棚架栽培，中长梢修剪。夏季修剪时适当多保留叶片，防止果实发生日灼。

13. 京亚（图 2-15）

早熟品种。欧美杂交种。果穗圆锥形或圆柱形，有副穗，穗较大，平均穗重 478g，最大穗重 1070g。果穗大小较整齐，果粒着生紧密或中等紧密。果粒椭圆形，紫黑色或蓝黑色，粒大，平均粒重 10.6g，最大粒重 20g。果粉厚，果

图 2-15　京亚

皮中等厚而较韧。果肉硬度中等或较软，汁多，味酸甜，有草莓香味。每果粒含种子 1～3 粒，多为 2 粒，种子中等大，椭圆形，黄褐色，外表有沟痕，种脐不突出，喙较短，种子与果肉易分离。可溶性固形物含量为 13.5%～18.0%，可滴定酸含量为 0.65%～0.9%。鲜食品质中上等。

植株生长势中等，隐芽和副芽萌芽力均中等。芽眼萌发率为 79.85%，结果枝占芽眼总数的 55.17%。每果枝平均着生果穗数为 1.55 个，隐芽萌发的新梢结实力强，夏芽副梢结实力弱。早果性好。在北京地区，4 月上旬萌芽，5 月中、下旬开花，8 月上旬浆果成熟。从萌芽至浆果成熟需 114～128 天，此期间活动积温为 2412.2℃。浆果比巨峰早熟 20 天左右。抗寒性、抗旱性强。管理

省工。用赤霉素处理易得无核果。因成熟早，经济效益高。全国各地均可种植。篱架、棚架栽培均可，宜中、短梢结合修剪。

14. 京秀 （图2-16）

早熟品种。欧亚种。果穗圆锥形，有副穗，穗大，平均穗重512.6g，最大穗重1250g。果穗大小整齐，果粒着生紧密或极紧密。果粒椭圆形，玫瑰红或鲜紫红色，粒大，平均粒重6.3g，最大粒重12g。果粉中等厚，果皮中等厚而较脆，无涩味，能食。果肉特脆，果汁中等多，味甜，低酸。每果粒含种子1～4粒，种子与果肉易分离。可溶性固形物含量为14.0%～17.6%，可滴定酸含量为0.39%～0.47%。鲜食品质上等。

图2-16　京秀

植株生长势中等或较强，隐芽和副芽萌芽力均强。芽眼萌发率为63.8%，枝条成熟度好，结果枝占芽眼总数的37.5%。每果枝平均着生果穗数为1.21个，隐芽萌发的新梢结实力强，夏芽副梢结实力弱。早果性好，产量高。在北京地区，4月中旬萌芽，5月下旬开花，7月下旬浆果成熟。从萌芽至浆果成熟需106～112

天，此期间活动积温为2209.7℃。浆果极早熟。抗旱和抗寒力较强。易感染白粉病和炭疽病。适宜篱架栽培，中短梢混合修剪。栽培时注意要及时疏花疏果，合理负载，以防止产量过高而导致着色不良，并要适时套袋，加强对病虫和鸟害的防治。在我国北方和南方干旱、半干旱地区露地栽培和设施栽培均较适宜。

15. 藤稔（图2-17）

中熟品种。果穗圆柱形或圆锥形，带副穗，中等大，平均穗重400g，最大穗重892g，果粒着生中等紧密。果粒为短椭圆形或圆形，紫红或黑紫色，粒大，平均粒重12g以上。果皮中等厚，有涩味，果肉中等脆，有肉囊，汁中等多，味酸甜。鲜食品质中上等。

图2-17　藤稔

植株生长势中等。芽眼萌发率为80%，结果枝占新梢总数的70%。每果枝平均着生果穗1.8个。早果性强。在郑州地区，4月初萌芽，5月下旬开花，8月上、中旬浆果完全成熟。浆果早中熟。适应性强，耐湿，较耐寒。抗霜霉病、白粉病力较强，抗灰霉病力较巨峰弱。花期耐低温和闭花受精能力强，结果早，连续结果能力强，丰产稳产。需严格疏穗、疏粒，以提高商品性。在我国南北各地均可种植。棚、篱架栽培均可，以中、短梢修剪为主。

二、适合延迟栽培的优良品种

1. 红地球（图2-18）

晚熟品种。欧美杂交种。果穗短圆锥形，极大，平均穗重880g，最大穗重2035g。果穗大小较整齐，果粒着生较紧密。果粒近圆形或卵圆形，红色或紫红色，特大，平均粒重12g，最大粒重16.7g。果粉中等厚，果皮薄而韧，与果肉较易分离。果肉硬脆，可切片，汁多，味甜，爽口，无香味。果刷粗长。

图 2-18　红地球

植株生长势较强，隐芽萌芽力较强，副芽萌芽力中等，芽眼萌发率60%～70%，结果枝率68.3%。每果枝平均着生果穗1.32个。夏芽副梢结实力较强。进入结果期较早，极丰产。在河北昌黎地区，4月中旬萌芽，5月下旬开花，10月初浆果成熟。从萌芽至浆果成熟需150～160天。浆果晚熟。抗黑痘病和霜霉病力弱。宜小棚架或高宽垂架栽培。采用以中、短梢修剪为主的长、中、短梢修剪。

2. 秋黑（图 2-19）

别名美国黑提，原产美国，1988年引入我国，目前在多处地区均有栽培。晚熟品种。果穗较大，长椭圆形，平均单穗重700g，果实着生紧密。果粒大，长椭圆形或鸡心形，果皮蓝黑色，平均单粒重9g，果皮厚，果粉较多，果肉脆而硬，每果粒含种子2～3粒。

植株生长势较强，每结果枝有花序1.5个，产量高。幼叶对石

图 2-19 秋黑

灰较为敏感，喷波尔多液时应当降低石灰的比例。在华北及西北地区可以适当发展。

3.美人指（图 2-20）

晚熟品种。果穗圆锥形，穗大，平均穗重 600g，最大穗重 1750g。果穗大小整齐，果粒着生疏松。果粒尖圆形，鲜红色或紫红色，粒大，平均粒重 12g，最大粒重 20g。果粉中等厚，果皮薄而韧，无涩味。果肉硬脆，汁多，味甜，有浓郁玫瑰香味。

植株生长势极强。结果枝占芽眼总数的 85%。每果枝平均着生果穗 1.1～1.2 个，隐芽萌发的新梢结实力强。抗病力弱，易感

图 2-20 美人指

白腐病和炭疽病。稍有裂果。果肉硬脆，可切片。对气候及栽培条件要求严格。严格控制氮肥施用量。生长期宜多次摘心，抑制营养生长。注意幼果期水分供应，防止日灼病。适合干旱、半干旱地区种植。棚架或高、宽、垂架式栽培均可，宜中、长梢结合修剪。

4.克瑞森无核（图 2-21）

别名克伦生无核、绯红无核、淑女红。欧亚种。美国杂交培育的晚熟无核品种，1988 年通过品种登记，1988 年引入我国。果粒亮红色，果粒椭圆形，平均粒重 4g，果肉黄绿色、细脆，果味甜，可溶性固形物含量 19％，品质上。品种抗病性稍强。

图 2-21 克瑞森无核

5.红宝石无核（图 2-22）

有名大粒红无核、鲁比无核、鲁贝无核等。欧亚种。美国品种，1987 年引入我国。目前在山东、河北等地栽培面积较大。晚熟品种，果穗大，一般单穗重 850g，最大可达 1500g，果穗圆锥形，有歧肩，穗形紧凑。果粒较大，卵圆形，自然态下平均单粒重 4.2g，果粒大小整齐一致。对植物生长调节剂处理不太敏感，经处理后果粒达 5g 左右。果皮红紫色，果皮薄，风味佳。

图 2-22　红宝石无核

生长势较强，每结果枝平均着生花序 1.5 个，丰产性好，定植后第二年即可获得较高产量。较耐储运。果粒偏小，成熟期水分供应大时，裂果重，大果穗的中部容易产生烂果。是优良的晚熟无核品种，适宜一定面积发展。栽培时把增大果粒作为重要工作。因其对植物生长调节剂不敏感、丰产性好、果穗较大等优良特性，应通过增施有机肥料、适当限制产量等增大果粒。生产上可采取适当疏除花序、花序整形、疏除果粒等方法。

6. 魏可（图 2-23）

别名温克，日本山梨县用 Kubel Muscat 与甲斐露杂交而成，1999 年引入我国。果穗圆锥形，较大，平均单穗重 450g，果穗大小整齐，果粒着生较松。果粒卵圆形，果皮紫红色至紫黑色，果粒较大，单粒重 8～10g，有小青粒现象，品质优良，风味好。目前在我国南方种植面积较大。

植株生长势较强，结果枝率 85％左右，每果枝平均 1.5 个果穗。花芽分化好，丰产性好，抗病性强。果实成熟后可挂在树上

图 2-23　魏可

延迟采收，极晚熟。耐储运。但有时果实着生较差，果实易患日灼病，易感染白腐病。可作为晚熟主栽品种的搭配品种，也可以作为晚熟主栽品种。花芽形成较为容易，生产上要注意合理负载，及时去除小青粒。果实在成熟期水分供应不均匀时，容易形成裂果，应加以注意。栽培上要注意采取措施促进着生。

7. 红高 (图 2-24)

意大利亚红色芽变。嫩梢黄绿色，梢尖半开张，乳黄色，有绒毛，无光泽。幼叶黄绿色，表面有光泽，背面有毡毛。新梢生长直立，节间背侧黄绿色，腹侧青紫色。枝条红褐色。成叶中等大，呈勺状挺立，肾形，背面有较稀茸毛。叶片 5 裂，裂刻深，叶柄洼宽拱形，基部三角形。叶缘锯齿圆顶形。两性花。果穗大多圆锥形，有副穗。平均穗重 625g，最大 1030g。果穗大小整齐，果粒着生紧密。果粒短椭圆形，浓紫红色，着色一直，成熟一致。平均粒重 9g，最大 15g。果皮厚，无涩味。果粉中等。果肉细脆，有较强玫瑰香味。含可溶性固形物 18%～19%，品质上。果粒牢固，不脱粒，不裂果，耐运输，抗病力强。成熟期与红意大利相似，属晚熟品种。

图 2-24　红高

第三章　温室的类型和建造

第一节　温室类型

一、日光温室

1. 竹木结构日光温室

最具代表性的一斜一立式日光温室是琴弦式日光温室。一般跨度 7m，矢高 3～3.3m，前立窗高 0.84m，屋面与地面夹角 21°～23°，后坡长 1.5～1.7m，水平投影为 1.5m，后墙高 2.0～2.2m，水泥预制中柱，后坡秫秸箔抹草泥。前屋面每隔 3m 设一道加强桁架，加强桁架用木杆或 3 寸钢管做成。在桁架上按 30～40cm 间距横拉 8# 铅线，两端固定在山墙外的地锚上，在每个桁架上固定，使前屋面呈琴弦状。在 8# 铅线上按 60～80cm 间距，用直径 4cm 的竹竿作拱杆，用细铁丝把竹竿拧在 8# 铅线上，用细竹竿作压杆压膜，如图 3-1～图 3-3 所示。这种温室的特点是空间大，后坡短，土地利用率高。缺点是采光性能不如半拱圆形温室，前屋面采光角度进一步增加有困难，前底脚低矮，作业不便。

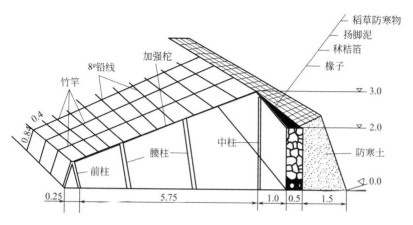

稻草防寒物
扬脚泥
秫秸箔
椽子

竹竿
8#铅线
加强桡

腰柱
中柱
前柱

3.0
2.0
防寒土
0.0

0.84 0.4
0.25
5.75
1.0 0.5 1.5

图 3-1　一斜一立式日光温室结构示意（单位：m）

图 3-2　一斜一立式日光温室（未覆棚膜）

2. 钢架无柱日光温室

（1）鞍Ⅱ型日光温室　鞍Ⅱ型日光温室是在吸收各地日光温室优点的基础上设计的一种无柱结构的日光温室（图 3-4、图 3-5）。跨度 6m，矢高 2.7～2.8m，后墙高 1.8m，后屋面水平投影为 1.4m，

图 3-3　一斜一立式日光温室（覆棚膜后）

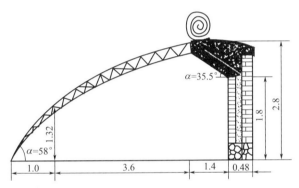

图 3-4　鞍Ⅱ型日光温室结构示意（单位：m）

图 3-5　鞍Ⅱ型日光温室

仰角 35°。墙体为砖砌空心墙，内填 12cm 厚的珍珠岩或炉渣。前屋面为钢结构一体化半圆拱形桁架，无立柱，后墙为砖与珍珠岩组成的异质复合墙体，后屋面由木板、草泥、稻草、旧薄膜等复合材料构成，采光、增温和保温性能良好，便于葡萄生长和人工作业。

（2）辽沈 I 型日光温室　该温室为无柱式第二代节能型日光温室。跨度 7.5m，脊高 3.5m，后屋面仰角 30.5°，后墙高度 2.2m，后坡水平投影长度 1.5m，墙体内外侧为 37cm 砖墙，中间夹 9～12cm 厚聚苯板，后屋面钢骨架上依次为喷塑纺织布一层、2cm 厚松木板、9cm 厚聚苯板，再用细炉渣内掺 1/5 白灰找平拍实，最上层用 C20 细石砼作防水层，内配 $\phi3mm \times 150mm$ 双向钢筋网，以防出现裂缝。拱架采用镀锌钢管，配套有卷帘机、卷膜器、地下热交换等设备。由于前屋面角度和保温材料等优于鞍 II 型日光温室，因此其性能较鞍 II 型日光温室有较大提高，在北纬 42°以南地区，冬季基本不加温即可进行葡萄生产（图 3-6、图 3-7）。

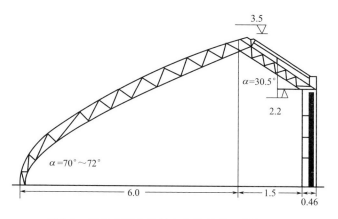

图 3-6　辽沈 I 型日光温室结构示意（单位：m）

（3）熊岳 III 型日光温室　由辽宁农业职业技术学院设计制造的一种无柱拱圆形结构的日光温室。跨度 7.5m，脊高 3.5m，后坡水平投影长度 1.5m；后墙和山墙为 37cm 厚砖墙，内加 12cm 珍

图 3-7　辽沈Ⅰ型日光温室

珠岩；后坡由 2cm 厚木板、一层油毡、10cm 厚聚苯板、细炉渣、3cm 厚水泥及防水层构成；骨架为钢管和钢筋焊接成的桁架结构。该温室温光效应优于鞍Ⅱ型等第一代节能日光温室，在室外最低温度为−22.5℃时，室内外温差可达 32.5℃左右，在北纬 41°以南地区可周年进行葡萄生产，在北纬 41°以北地区严寒季节和不良天气时，进行辅助加温也可取得很好的葡萄生产效果（图 3-8、图 3-9）。

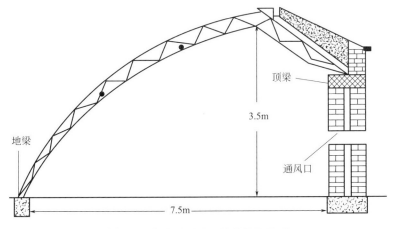

顶梁

3.5m

地梁

通风口

7.5m

图 3-8　熊岳Ⅲ型日光温室结构示意

图 3-9　熊岳Ⅲ型日光温室

（4）可移动组装式内保温温室　该温室由辽宁农业职业技术学院研制。温室脊高 3.8m，跨度 11m，长 60m，保温效果介于温室和桥棚之间。此温室采用内保温模式，利用新型高分子复合材料加工成腔囊保温被，重量轻，保温效果好。保温被与薄膜之间设定一定距离，保温被沿着龙骨弧度上下运行。温室采用 V 字形龙骨，压膜线压在 V 字形槽口内。薄膜与龙骨紧密吻合，温室表面薄膜平整，有利于采光和薄膜清洗。温室骨架及内部设施均为组装式，建造快捷，拆卸方便。其优点是无建筑污染、土地利用率高、节省能源、抗灾能力强、建造使用方便、造价较低，有利于工业化生产和产业化操作，如图 3-10 所示。

二、现代化温室

1. 屋脊形连栋温室

荷兰温室是屋脊形连栋温室的典型代表。其基础由预埋件和

图 3-10　可移动组装式内保温温室

混凝土浇注而成，薄膜温室基础比较简单，玻璃温室较复杂，且
必须浇注边墙和端墙的地固梁。温室骨架一类是柱、梁、天沟或
拱架，均用矩形钢管、槽钢等制成，经过热浸镀锌防锈蚀处理，
具有很好的防锈能力；另一类是门窗、屋顶等为铝合金轻型钢材，
经抗氧化处理，轻便美观、不生锈、密封性好，且推拉开启省力，
如图 3-11 所示。

图 3-11　屋脊型连栋温室

2. 拱圆形连栋温室

目前我国引进和自行设计的拱圆形连栋温室较多，这种温室的透明覆盖材料采用塑料薄膜，因其自重较轻，所以在降雪较少或不降雪的地区，可大量减少结构安装件的数量，增大薄膜安装件的间距。框架结构比玻璃温室简单，用材量少，建造成本低。如图3-12所示。

图 3-12　拱圆形连栋温室

由于塑料薄膜较玻璃保温性能差，因此提高薄膜温室保温性能的一个重要措施是采用双层充气薄膜。同单层薄膜相比较，双层充气薄膜的内层薄膜内外温差较小，在冬季可减少薄膜内表面冷凝水的数量。同时，外层薄膜不与结构件直接接触，而内层薄膜由于受到外层薄膜的保护，可以避免风、雨、光的直接侵蚀，从而可分别提高内外层薄膜的使用寿命。为了保持双层薄膜之间的适当间隔，常用充气机进行自动充气。但双层充气膜的透光率较低。

第二节　温室建造

一、日光温室的建造

1. 竹木结构日光温室的建造

建造温室要避开雨季。从理论上讲，冬用型日光温室最好在当地日平均气温下降到23℃前完成，随后扣棚，这样冬季最冷月的地温和气温都高一些。一般情况下，也要在当地日平均气温下降到16～18℃前建成并扣棚。生产上常有一些温室到大地封冻时才修建完成，这样的温室要使其温度恢复到正常水平，至少需要近1个月的时间，会直接影响日光温室的使用。修建日光温室要早计划、早动手，预留出可能出现的工期延误时间。竹木结构的日光温室建造步骤如下所述。

（1）测定方位　方位可用指南针测定，但指南针所指方向受地球磁场的影响，所指的是磁子午线而不是真子午线，而真正能反映方位与采光量之间关系的是地球真子午线，这是确定温室方位的依据。磁子午线与真子午线之间存在磁偏角，需要进行校正。当磁子午线的北端偏向真子午线方向以东时，称为东偏；当磁子午线的北端偏向真于午线方向以西时，称为西偏。我国西北地区东偏6°左右，东北地区西偏6°～10°。例如，大连某地拟建正南方位的温室，用罗盘仪定向，磁针指的正北方向实际上是当地子午线方向的北偏西6°35′。因此，只有将指南针调整到北偏东6°35′，这时磁针方向才是所要求的正北方向。各地磁偏角不同，详见表3-1。

表3-1　我国部分地区的磁偏角

地区	磁偏角	地区	磁偏角
漠河	11°00′（西）	长春	8°53′（西）
齐齐哈尔	9°54′（西）	满洲里	8°40′（西）
哈尔滨	9°39′（西）	沈阳	7°44′（西）
大连	6°35′（西）	赣州	2°01′（西）
北京	5°50′（西）	兰州	1°44′（西）
天津	5°30′（西）	遵义	1°25′（西）
济南	5°01′（西）	西宁	1°22′（西）
呼和浩特	4°36′（西）	许昌	3°40′（西）
徐州	4°27′（西）	武汉	2°54′（西）
西安	2°29′（西）	南昌	2°48′（西）
太原	4°11′（西）	银川	3°35′（西）
包头	4°03′（西）	杭州	3°50′（西）
南京	4°00′（西）	拉萨	0°21′（西）
合肥	3°52′（西）	乌鲁木齐	2°44′（东）
郑州	3°50′（西）		

确定温室方位的另一种方法是竹竿阴影法，即预先在建造温室地块的边缘地点立一垂直竹竿，中午前后每隔 5min 左右在地面上画出竹竿的投影。其中投影最短的时刻，是当地正午时刻，此时的太阳方位为正南，这条投影线便是当地真子午线。

（2）放线　测出真子午线后，再按直角划出东西延长线，即可确定后墙内线。确定直角的方法是，根据勾股定理，从两条交叉线的交点（O）向南取 6m 设一点 A，再向东（西）取 8m 设一点 B，用米尺取 10m。将 10m 测绳的一端与 6mA 重合，另一端与 B 重合，重合后 6m 线与 8m 线所成的角即为 90°。按温室的长度确定两端点 C、D，用同样方法确定东西山墙线（图 3-13）。

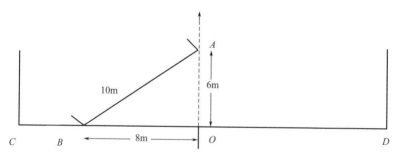

图 3-13　用勾股定理确定子午线的垂线

温室方位偏东或偏西 5°时，可用三角函数计算。其方法是在真子午线上向南引 10m 长测定点 G，根据 $GH = OG\tan5$ 的公式计算出 $GH = 0.875$m，将 H 与 O 连线，即为偏东或偏西的方向线（即与温室走向垂直的线），再用勾股定理画出内墙及山墙的线（图 3-14）。

（3）筑墙　山墙与后墙的作用有二。一是承重，即承受后坡、前屋面及自身的重力及其所受的各种外力，如风压、雪压及屋面上作业人员的压力等，因此墙体要有足够的强度，以保证温室结构的安全；二是墙体必须具备足够的保温蓄热能力，温室白天得到的太阳辐射热，一部分蓄积在墙体中，在夜间散发到温室中，以保证较高的室温。

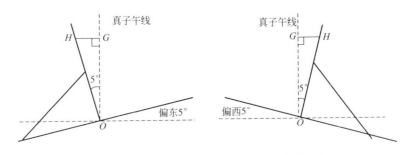

图 3-14　用三角函数求出偏东或偏西 5°后墙线的位置

竹木结构温室墙体多用土墙。按统一画好的墙体位置，放线后将地基夯实，根据各地土质不同，有的地区夯土墙，有的地区用草泥垛墙，墙体厚度多为 50cm，然后根据当地冻土层厚度在后墙外培防寒土。一般北纬 35°地区墙体总厚度要达到 80cm 以上，北纬 38°地区要达到 100cm，北纬 40°以北地区要达到 120～150cm。

① 板夹墙。也叫干打垒，适宜土质较黏重或碱性较大的地区。在夯实的地基上，把 4 根夹杠（直而结实且不易变形的木桩）按照墙的宽度在预定的位置成对埋好，把 6cm 厚、30cm 宽的木板分成两排，侧立放在夹杠的内侧，中间填土，然后用夯把土夯实。一般每次填土厚度为 20～30cm。夯的力度大可稍厚一些，否则薄一些。夯实一层，木板上移，再加一层，再夯实，三、四层以后，就要停下来，待墙体干了以后，有了较强的承受能力后再加高。在人手少，夹杠、木板少的情况下，也可夯一小段，拔出后面的两根夹杠，移向前方后埋好，挡住前端堵头，再填土夯实，依次进行。如图 3-15 所示。

建造板夹墙可用温室内的土，不必另地取土，建成后，平整温室内的地面，室内地平凹入地下约 50cm。半永久性的土墙，土内掺入石灰，下部（第一层）掺入量为 30%，向上逐层减少。建造土墙一定要用新挖出来的潮土，否则不结实，其次夹杠和木板一定不能发生变形，另外各段墙体的连接应采取叠压式衔接，不能垂直靠接，以防干燥后出现裂缝。

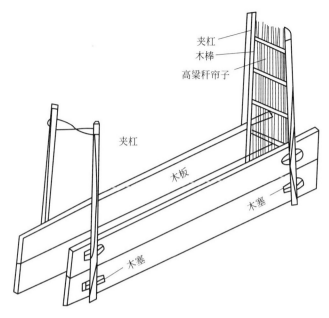

图 3-15 板夹墙制作示意图

　　夹板墙墙体剖面为梯形，下宽上窄。下底宽 0.8～1m，顶宽
0.5m。这种墙在有黏土的地区，待墙体充分干燥后非常结实。为
了防止雨水冲刷，外面可以抹掺灰泥（70%的园土加 30%石灰和
适量的碎麦秸）。

　　② 土坯墙。砌土坯墙需有地基，一般地基深 30cm，用砖或石
头砌成，并高出地面 30cm，在地基上面铺一层油毡纸或旧塑料薄
膜，用来隔潮，防止土坯墙受潮变粉。在砌好的地基上，用沙泥
坐满口，胶泥砌干土坯。土坯墙壁厚度与前面要求的土墙厚度相
同。墙内外用沙泥或黄泥掺草抹好，而且外面每年都要抹 1 次，防
止雨水冲刷墙体。

　　③ 权土墙。按前面要求夯实地基后，在温室的外侧就地挖出
深层黏土，掺进麦秸、稻草或羊草，草要有一定的长度，与抹墙
用的不同。加水并用二齿钩和好，用四股权子把泥按墙体宽度一

层一层地垛上，捶实。权墙时要底部稍宽，上部稍窄，断面呈梯形。高寒地区，多采用下底宽 2m，高 1.5～1.7m，墙顶宽 1.5m。由于所使用的泥中含水多，不能一次权得太高，权到高度约 0.5m 时，就要停下来，用四股权子立着使用，自上向下拍，将墙的两面打削平，使泥中的草都顺着往下贴在墙上，这样墙面既平又利于向下淌雨水。待稍干有一定强度后，再继续向上权。

④ 拉合辫墙。首先要在墙底处按墙宽挖 30cm 深的地沟，在正中每隔 2～3m 设一木桩，然后再筑拉合辫墙；或根据实际情况在平地将地基夯实，然后用砖石砌成墙的基础，墙内也要同样设置木桩。挖完地基沟或砌完基础墙后，在温室旁边挖一坑，加入黄土和适量的水搅拌成黄泥浆，然后用谷草、稻草、苫房草（小叶樟）等与泥浆混合。具体方法是，取一缮草约 8cm 粗，充分沾上黄泥浆，一手向前一手向后拧成螺旋状，形成草辫。在砌好的基础上，从墙壁两边把带泥的草辫依次编好，中间用搅上草的黄土填平、踩实。拉合辫要将木桩包裹起来，使墙更加稳固。一般墙底宽 0.8～1m，墙顶宽 0.5m。拉合辫墙也不能一次完成，应砌一段后，稍晒干后再继续向上砌。拉合辫墙干后非常坚固，成本也不高。为了防止下雨后墙体受潮，可在砖石基础之上铺一层油毡防潮。墙砌成后，内外用泥抹平。也有的农民用草炭、马粪和泥抹在内壁上，以便在温室内墙上种植叶菜，进行立体栽培。

⑤ 机械筑墙。由于筑墙用工量比较大，目前建造大面积温室群时后墙多采用机械筑墙。筑墙时用 1 台挖掘机和一台链轨推土机配合施工。墙体施工前按规划定点放线，墙基按 6m 宽放线，挖土区按 4.5～5m 宽放。首先清理地基，露出湿土层，碾压结实，然后用挖掘机在墙基南侧线外 4.5～5m 范围内取土，堆至线内，每层上土 0.4～0.5m，用推土机平整压实，要求分 5～6 层上土，墙高达到 2.2m（相对原地面），然后用挖掘机切削出后墙，后墙面切削时应注意墙面不可垂直，应有一定斜度，一般墙底脚比墙顶沿向南宽出 30～50cm，以防止墙体滑坡、垮塌。建成的墙体，要求底宽 4.0～4.5m，上宽 2～2.5m，距原地面 2.2m。两侧山墙仍

要采用夹板墙或草泥墙。

⑥ 编织袋垛墙。用编织袋装土垛墙。一般墙体厚度，底部1.5m，顶部1.2m，每延米墙体用编织袋140～160个。垛墙前先夯实地基，编织袋要交错摆放、压实。后墙和山墙均可采用此方法垛成。

（4）建后屋面骨架 后屋面骨架分为柁檩结构和檩椽结构。

① 柁檩结构。由中柱、柁、檩组成，每3m设一根中柱、一架柁和3～4道檩。中柱埋入土中50cm深，向北倾斜呈85°角，基部垫柱脚石，埋紧夯实。中柱上端支撑柁头，柁尾担在后墙上，柁头超出中柱40cm左右。在柁头上平放一道脊檩，脊檩对接成一直线，以便安装拱杆。腰檩和后檩可错落摆放，如图3-16所示。

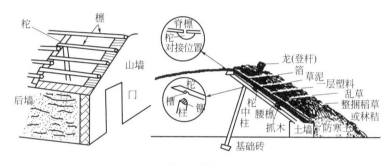

图3-16　后屋面骨架的柁檩结构

② 檩椽结构。由中柱支撑脊檩，在脊檩和后墙之间摆放椽子，椽头超出脊檩40cm左右，椽尾担在后墙上。椽子间距30cm左右，椽头上用木棱或木杆做瞭檐，拱杆上端固定在瞭檐上，如图3-17所示。

（5）建造前屋面骨架 一斜一立式日光温室的前屋面骨架多以4cm直径的竹竿为拱杆，拱杆间距60～80cm，拱杆设腰梁和前梁。在前底脚处每隔3m钉一个木桩，木桩上固定直径为5cm的木杆作横梁，横梁下面每米再用一根细木杆支撑，横梁距地面62～75cm，该横梁即为前梁。在中脊和前底脚之间设腰梁，每3m设一根立柱支撑。拱杆上端固定在脊檩上，下端固定在前梁上，拱

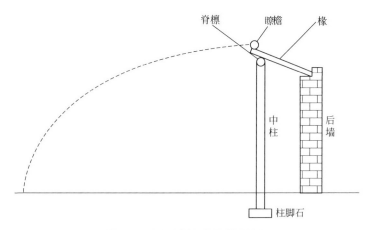

图 3-17　后屋面骨架的檩椽结构

杆下端用 3cm 宽竹片，竹片上端绑在拱杆上，下端插入土中。拱杆与脊檩、横梁交接处用细铁丝拧紧或用塑料绳绑牢。为提高前屋面采光性能，可适当抬高横梁，使前屋面呈微拱形，如图 3-18 所示。

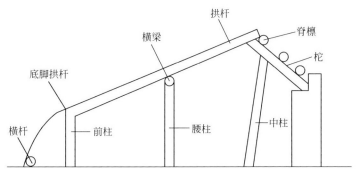

图 3-18　一斜一立式温室前屋面骨架安装示意图

半拱形日光温室前屋面骨架用竹片作拱杆，弯成弧形，拱杆间距 60cm。拱杆也设腰梁和前梁，由立柱支撑。拱杆上端固定在脊檩或檐上，下端插入土中。温室前屋面的立柱不但增加遮阴面积，而且给管理带来不便，因此目前半拱形日光温室的前屋面已经向无立柱方向发展，即取消腰柱，用木杆作桁架，建成悬梁吊柱温室。每 3m 设一加强桁架，上端固定在柁头上，下端固定在前底脚木桩上，桁架上设 3 道横梁，横梁上每个拱杆处用小吊柱支撑。小吊柱用直径 3～4cm 的杂木杆做成，距上端和下端 3cm 钻孔，用细铁丝穿透，把上端拧在拱杆上端，下端拧在横梁上。如图 3-19 所示。

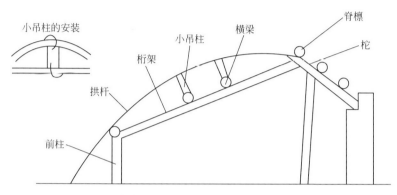

图 3-19　木桁架悬梁吊柱日光温室前屋面骨架安装示意

（6）铺后坡　后屋面或后坡，是一种维护结构，主要起蓄热、保温和吸湿作用，同时也是卷放草苫和扒缝放风作业的地方。先将玉米秸或高粱秸捆成直径 30～40cm 的捆。两两一组，梢部在中间重叠，上面一捆的根部搭到脊檩外 15～20cm，下边一捆根部搭在后墙顶上，一捆一捆挤紧排放，直至把后屋面铺严。再在距后屋面上端 70～80cm 处东西放入一道玉米秸捆，然后用碎草进一步把后屋面填平。接着用木板或平锹把探到脊檩外的玉米秸拍齐。随后上第一遍草泥，厚 2cm，稍干后铺衬一层旧棚膜或地膜，再抹第二遍泥，厚 2～3cm，同时在后墙外侧垛起 30～40cm 高的女儿墙，以免将来后屋面上再覆草时柴草向下滑落，以后随天气变冷，在后屋面上盖一层 20～30cm 厚的碎稻草、碎麦秸等，外面再用成捆秫秸压住。辽南地区，后屋面总厚度必须达到 70～80cm，黄淮地区也要达到 50cm 左右，保温效果才好。在脊檩和东西玉米秸捆之间的低凹处填入成捆的玉米秸、谷草等，形成较为平坦的东西向通道，以便人员在上面作业行走或放置已卷起的草苫。

（7）覆盖前屋面薄膜　日光温室冬季生产，前屋面薄膜必须在霜冻前覆盖，以利冬前蓄热。覆膜前需预先埋设地锚。温室前屋面长短有差异，各种薄膜的规格也不一致，在覆盖前要按所需宽度进行烙合或剪裁。聚氯乙烯无滴膜幅宽多为3m；聚乙烯长寿无滴膜幅宽7～9m。温室通风口可设在温室顶部或下部。以下部设通风口为例，先用1.5m幅宽的薄膜，一边黏合成筒，装入麻绳或塑料绳，固定在前屋面1m左右高度的拱架上，作为底脚围裙，底边埋入土中。上部覆盖一整块薄膜。覆盖薄膜要选无风的晴天中午进行，先把薄膜卷起，放在屋脊上，薄膜的上边卷入竹竿放在后屋面上，用泥土压紧，再向下面拉开，延过底脚围裙30cm左右，上下、左右拉紧，使薄膜最大限度平展，东西山墙外卷入木条钉在山墙上，每两个拱杆间设一条压膜线，上端固定在后屋面上，下部固定在地锚上。压膜线最好用尼龙绳，既具有较高强度又容易压紧。一斜一立式日光温室盖完薄膜后，将1.5cm粗的竹竿压在拱杆上，用细铁丝拧紧，才能固定棚膜，防止上下摔打。建造跨度6.5m、长度99m的竹木结构悬梁吊柱温室建造材料用量见表3-2。

表3-2　竹木结构悬梁吊柱温室建造材料表

名称	单位	规格/cm	数量	用途
木杆	根	200×10	34	柁
木杆	根	350×8	34	中柱
木杆	根	600×10	34	桁架
木杆	根	150×8	34	前柱
木杆	根	30×4	332	小吊柱
木杆	根	300×8	99	横梁
木杆	根	300×10	33	脊檩
木杆	根	300×10	66	腰檩、后檩

名称	单位	规格/cm	数量	用途
竹片	根	500×5	166	上部拱杆
竹片	根	200×4	166	下部拱杆
木杆	根	400×4	25	前底脚横杆
竹竿	根	600×6	17	后屋面拴绳
巴锔	个	$\phi 8 \times 20$	220	固定檩、梁
高粱秸	捆	每捆20根	1000	铺后坡
稻草	kg		1000	垛墙
玉米秸	kg		2000	铺后坡
木材	m^3	5(厚度)	0.15	门框,门
薄膜	kg	0.01	80	覆盖前屋面
铁丝	kg	$16^\# \sim 18^\#$	3	固定骨架
铁线	kg	$8^\#$	3	拴地锚
钉子	kg	6	2	钉木杆
压膜线		拉力强度6MPa	7	压棚膜
塑料绳	kg		3	绑拱杆
草苫	块	$150 \times 800 \times 5$	132	外保温覆盖

注：未计算作业间建造材料。

2. 钢架无柱日光温室的建造

（1）基础施工　建筑物的基础，是直接分布在建筑物正面承受压力的土层。基地的选择和基础的合理处置，对温室使用寿命的长短和安全有着重要意义。尤其在冬季比较寒冷的北方，室内多采用凹入地下的建筑方式，由于室内外地平高低不同，两面的横向压力不同，更应注意加固。

① 基础深度。基础的具体深度，取决于各地区冬季土地冻层和温室凹入地下的深度。通常要比两者深50～60cm，这样，既可防止冬季基土冻结时向上膨胀凸起、春季解冻下沉，又有不少于30cm的砖石基础埋入地下。如当地冻土层深度为70cm，温室室内

凹入地下 50cm，温室的基础深度应为 1.1～1.2m。宽度应为墙壁厚度的 2 倍。

② 灰土工程。基础的加固措施，首先应取决于基土的耐压力。不同土质的耐压力是不同的。通常当基础深度为 2m 时，砂土的耐压力为 0.25MPa，黏质砂土及砂质黏土为 0.2MPa，黏土为 0.15MPa。当建筑物的重量（包括本身重量"静荷载"和外来的风压、雪压等附加的压力"动荷载"）超过基土的允许耐压力时，必须进行加固措施。首先是做灰土工程，先用夯将基础底部夯实，然后把 3：7 的石灰（经过粉化过筛）和细土混合，充分拌匀后，倒入基础槽内，用脚踏实，使厚度为 24cm，再用夯打实，到厚为 15cm 时即成。为了加固基础，单层建筑的灰土工程最好做两层。如图 3-20 所示。

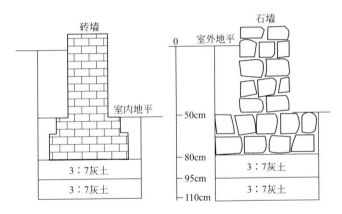

图 3-20　温室基础工程断面

③ 砖石基础的砌筑法。为了扩大受压面积，减少基础单位面积的承压力，在灰土上部埋入地下的砖石基础墙，可采取阶梯形的砌筑方法，厚度为上部墙壁的 1 倍，砌筑时，向上至室内地平一段，应使用标号较高的水泥砂浆，以增强其耐压强度。

（2）筑墙　钢架无柱温室的山墙和后墙可以是土墙，也可以是黏土砖夹心墙。土墙建造同竹木结构日光温室。为提高墙体的保温性能，最好采用异质复合结构墙体。现介绍几种保温墙体，各地可参考当地情况选用。

① 空心墙。该复合墙体内侧用 24cm 砖砌筑（内皮抹 2cm 厚沙泥），墙体外侧采用 12cm 砖水泥砌筑（外皮抹 2cm 厚麦秸泥），中间设一定厚度的空气夹层（图 3-21）。这样把热容量大的结构材料放在内侧，因其蓄热能力强，表面温度波动小，白天吸收太阳能，晚上释放给室内，可使温室温度不致很快下降，对室内的热稳定性有利。如华北地区采用两侧砖墙内夹 70mm 厚空气层的复合空心墙，既能保证结构上的需要，又保温、省材料。

图 3-21　空心墙

② 有保温层的复合墙体（50 墙、60 墙）。50 墙内墙为 24cm 实心砖砌筑，外墙为 12cm 空心砖砌筑，内外墙空隙 12cm，填充炉渣或 6cm 厚的双层苯板。墙体内外面各抹灰 1cm，总厚度为 50cm，如图 3-22 所示。60 墙内墙为 24cm 实心砖砌筑，外墙为 24cm 空心砖砌筑，内外墙 12cm 的间隙填充炉渣或苯板。在砌筑过程中，内外墙间要每隔 2～3m 放一块拉手砖或钢筋作拉筋，以防倒塌（图 3-23）。如填充苯板，两层苯板的缝隙要交错摆放，并将缝隙用胶带粘好，以防透风。内墙用实心砖以便于蓄热和散热，外墙用空心砖是为了减少散热。

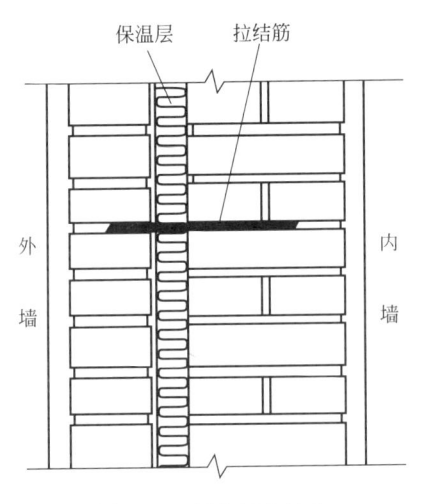

图 3-22　复合墙体结构

保温层　拉结筋

外墙　内墙

图 3-23　砌筑温室复合墙体

（3）焊拱架　前后屋面由拱架构成，拱架上弦用直径6分镀锌管，下弦用直径12mm钢筋，直径10mm钢筋作拉花，先作模具，把上弦钢管和下弦钢筋按前屋面形状弯好，再焊上拉花。钢架各焊接点，焊口要饱满、平滑、不出铁刺铁碴。为解决后屋面靠屋脊太薄，不利于保温的缺陷，在拱架制作时，把拱架最高点向前移10cm，用直径12mm钢筋弯成"Γ"形焊接在拱架上，使靠顶部的厚度增加10cm（图3-24）。

图 3-24　焊接拱架

　　拱架焊好后，要进行防腐处理。目前大量应用涂料防腐，刷完防锈底漆，干燥后可用其他调和漆罩面。钢架除用涂料防腐外，最好的办法是镀锌。镀锌有两种方法，一是电镀锌（冷镀），表面光滑，镀锌层薄，厚度为 0.01～0.02mm；二是热浸镀锌，镀层较厚，厚度可达 0.1～0.2mm，是电镀锌的 10 倍，附着力强，表面不及电镀锌光滑，但其防腐能力强。

　　（4）安装拱架　在已垒好的后墙顶端浇筑 10cm 厚钢筋混凝土顶梁，预埋直径 12mm 钢筋露出顶梁的表面。在前底脚处浇筑地梁，也预埋钢筋或角钢。从靠山墙开始，按 80cm 间距安装拱架，上端焊在墙顶预埋钢筋上，下端焊在地梁预埋钢筋或角钢上，如图 3-25 所示。在拱架顶部东西焊上一道槽钢，以便于覆盖薄膜时，用木条卷起装入槽内。在拱架下弦处用三道直径 4 分（12.7mm）钢管作拉筋，把每个拱架连成整体，并确保桁架整体受力均匀不变形。东西两侧山墙要事先预埋"丁"字形钢筋，以备焊接固定拉筋。最后拱架上弦与每根拉筋之间要焊接两根直径 10mm 钢筋作斜撑，形成三角形的稳定结构，防止温室拱架在使用过程中受力扭曲。为增加拱架的稳定性，最好在东西山墙内侧加设两排桁架。在地梁上，每两排拱架间预埋一个小铁环，以便用于拴压膜

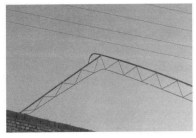

图 3-25　安装拱架

线。在屋顶槽钢外侧（与地梁铁环对应处）也焊上小铁环，以便于拴压膜线的上端。在后屋面上距中脊 60～70cm 处东西拉一道 6 分钢管，便于拴卷草苫绳。

（5）建后屋面　先在后墙上建 40cm 高的女儿墙。然后在后屋面骨架上铺 2cm 厚木板，再铺两层苯板（10cm 厚），用 1：5 白灰炉渣找坡（8cm 厚），上面抹水泥沙浆再铺油毡烫沥青约 3cm 厚，如图 3-26、图 3-27 所示。

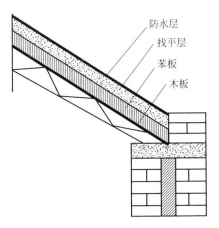

防水层
找平层
苯板
木板

图 3-26　后屋面结构示意

（6）防寒沟的设置

① 简易防寒沟。在温室前底脚外侧挖深 0.5～0.8m、宽 0.3～

图 3-27　建造后屋面

0.5m 的防寒沟，内填隔热物如锯末、马粪、禽粪、稻壳、麦糠等，保温隔热效果较好。这些有机隔热物每 1~2 年更换 1 次，否则会降低防寒效果。有机隔热物起出后已完全腐熟，可以作有机肥施用。防寒沟上用 10cm 厚的自然土夯实。

②永久性防寒沟。挖好防寒沟后经防潮处理，填入聚苯板、珍珠岩等，上面用砖石和水泥等封好，不进行更换而永久使用。

表 3-3 列出了跨度 7.5m、矢高 3.3m、长度 88m、占地约 660m² 的钢架无柱日光温室所需主要建造材料。

表 3-3　钢架无柱温室建造材料表

名称	规　　格	单位	数量	用　　途
镀锌管	DN20mm,8.5m	根	111	拱架上弦
钢筋	ϕ12mm,8m	根	111	拱架下弦
钢筋	ϕ10mm,10m	根	111	腹杆(拉花)
钢筋	ϕ14mm,88m	根	3	横向拉筋
槽钢	5cm×5cm×5cm,90m	根	1	焊接拱架顶部
角钢	5cm×5cm×4mm,90m	根	2	顶梁、地梁预埋
镀锌管	DN20mm,90m	根	1	后屋面上拴绳

名称	规　格	单位	数量	用　途
钢筋	$\phi 10mm,90m$	根	2	顶梁、地梁附筋
钢筋	$\phi 10mm,90m$	根	4	顶梁钢筋
水泥	325$^\#$	t	20	砂浆、浇梁
毛石		m³	35	基础
沙子		m³	40	砂浆
碎石	2～3cm	m³	3	浇梁
黏土砖	24cm×11.5cm×5.3cm	块	47000	后墙、山墙
木材		m³	4	门窗、横板、板箔
细铁丝	16$^\#$～18$^\#$	kg	2	绑线
炉渣		m³	10	墙体、后坡填充
苯板	200cm×100cm×6cm	块	352	墙体、后坡保温
白灰	袋装	t	0.5	抹墙里
沥青		t	1.5	防水
油毡纸		捆	20	防水

注：未计算作业间建造材料。

二、现代化温室设计与建造

1.选地

温室建造应选择冬暖夏凉、光照条件好、台风少、地势平坦的地方。在多山少平原的省份，15°以下的缓坡也适合建"梯田式"温室，可选择西南坡中段，最好北面紧贴高山屏障、南面为开阔的"马蹄形"地形，这种地形夏季凉爽，冬季温暖，冷空气难进易出，避寒效果好。

2.遮阴系统

在温室的四周种植冬季落叶的乔木，夏季可遮阴降温增湿，改善温室周围的小环境。温室侧面采用单层遮光率为50%左右的黑色活动遮光网（本书所有的遮光率均指实际遮光率，非标称遮光率）如图 3-28 所示，可使用电动的，也可使用手摇的。使用遮光率为 50％左右的银灰色保温幕代替黑色遮光网，夏季遮光，冬季保温，且能产生漫射光。温室顶部一般采用单层遮光率为 60％左右的活动遮光网（电动），以黑色百吉网为佳。采用双层 40％活动遮光网（电动）作为外遮阴，可大大提高光照和温度的调控能力。大多数花卉的最适光强为 $18000 \sim 22000\mathrm{lx}$，在夏季最高光强为 $1.2 \times 10^5 \mathrm{lx}$ 的地区，内部使用遮光率为 50％左右的银灰色遮光网，顶部采用单层 60％的活动遮光网，夏季中午光照最强时，内外遮光网都遮过来，温室内最强光照约为 $2.16 \times 10^4 \mathrm{lx}[12 \times (1-60\%) \times 90\% \times (1-50\%) = 2.16 \times 10^4 \mathrm{lx}$（因塑料薄膜的透光率约为 90％，所以要乘以 90％]。一年中，无论外界光强如何，都可通过内外遮光网的开闭，使光照强度适合葡萄的生长。但仅使用内外两层遮光网，在晴天的早上和傍晚以及多云天气，还会浪费较多光能。

图 3-28　遮光网

如晴天早上，当外界光强超过 $2.45 \times 10^4 \mathrm{lx}$ 时，温室内光强超过 $2.2 \times 10^4 \mathrm{lx}$，就要把遮光率为 60％的外遮光网遮过来，温室内光强马上降到 8820lx，浪费了大量的光能。若温室顶上安装两层遮光率均为 40％的遮光网（为保证良好通风，两层遮光网上下间隔应为 0.6m 左右），当外界光强超过 $2.45 \times 10^4 \mathrm{lx}$ 时，将上层 40％的外遮光网遮过来，温室内光强仍可保持在 $1.32 \times 10^4 \mathrm{lx}$ 以上 $[2.45 \times (1-40\%) \times 90\% = 1.323 \times 10^4 \mathrm{lx}]$，为最适光强的 74％

（1.323/1.8），有利于生长。

但应注意，内外遮光网都要采用带行程开关的驱动系统，开动电机将遮光网开闭到位后，自动停止。采用钢管固定转轴的轴瓦，防止转轴摇摆，以免导致遮光网无法正常开闭。

3. 降温系统

可以根据实际情况，选择以下其中一种或几种。

（1）安装"水帘-风扇"系统　以东西长 120m、南北宽 42m 的温室为例。

南墙安装 24 台 1.1kW 的风扇（图 3-29）；北墙安装 120m 宽、1.5m 高、10cm 厚的水帘。安装水帘风扇，不仅可提供适合的温度条件，还可解决保湿和通风的矛盾。适合的湿度和良好的通风可使葡萄生长良好，但通风和保湿是一对矛盾，而使用水帘风扇的温室可很好地解决这一问题，在保证通风良好的前提下，又能提供 60%～80% 的相对湿度。

图 3-29　降温风扇和外遮阴设施

水帘的供水系统要注意以下几个问题。

① 水泵使用的电动机功率要比所需功率大 20%～30%，因为电动机使用多年后，性能会下降；水泵使用久了，流量会减少。

开始的 2～3 年，若供水过多，可安装回流管回流入井。

② 出水口的每个分管，都要安装"盘片式"过滤器。

③ 出水口分管的管径不能小于出水口主管的管径，否则会大大影响水流的流速和流量。

④ 在夏天水帘井水供应不足的地区，可循环利用井水，水帘排出的水回流入井，多次循环利用，但一定要经过沉淀池沉淀后再流入井中。

（2）安装内循环风机　当温室南北长度超过 45m 时，内循环风机可弥补风扇（水帘风扇系统）拉力的不足。当水帘风扇系统关闭时，强制温室内空气流动。

（3）温室内安装高压喷雾系统（图 3-30）　间歇喷雾降温，喷雾时温室内温度可降低 4～5℃。

（4）温室内安装喷水系统　喷水时，温室内温度可降低 3～4℃，但会使叶片过湿。

（5）温室顶上外遮阴的骨架上安装喷淋系统　对温室的顶膜喷水，温室内温度可降低 2～3℃。

（6）温室顶上设置通风口　以便通风降温。

① 电动打开或关闭天窗。通过电动机驱动转轴，转轴转动带动齿条上下运动，齿条顶开或关闭顶膜。

② 也可通过人工转动摇柄，卷绕部分顶膜，以开启或关闭天窗。

（7）安装降温幕帘（图 3-31）　也可用于降温。

图 3-30　雾化喷头

图 3-31　降温幕帘

4. 保温设施

做好保温工作是降低加温成本的前提。保温性能好的温室，不加温时，凌晨最低温度可比外界高 3～4℃，包括顶部保温（关键）和四墙保温。

（1）温室四墙保温

① 风扇保温设施。风扇所在的南墙内外两面都安装可上卷下放的活动薄膜，冬天夜晚时，摇下内外两面的薄膜遮盖风机。

② 水帘保温设施。水帘所在的北墙内外两面都安装可上卷下放的活动薄膜。冬季在温室外水帘的东西两侧边缘位置各安装一块 50cm 宽的固定薄膜遮盖水帘，夜晚摇下活动薄膜遮盖水帘时，用卡簧将活动薄膜与固定薄膜卡在一起，以防冷风吹入温室。

③ 东西两墙保温设施。在东西两墙钢管内外两侧安装双层活动薄膜，两层薄膜间距约为 5cm，均可摇上（通风）、摇下（密闭、保温），两层薄膜间安装防虫网。冬季夜晚时，摇下两层薄膜保温。

④ 在特别冷的地区，最好安装双层门，每层门内外两面都覆盖薄膜。

⑤ 在温室四墙内侧安装活动二道膜时（图 3-32），要改变摇柄方向垂直于转轴，以方便摇上摇下。

图 3-32　二道膜温室保温

（2）温室顶部保温　主要有三种方法，根据实际情况，选择其中一种。顶部的散热面积是四墙总面积的 7～8 倍，做好温室顶部保温工作是降低加温成本的关键。

① 切实遮严保温幕，不留空隙，以防热量外泄。在保温幕骨架的固定边安装条状保温幕，关闭时保温幕之间无空隙，且保温幕的下垂部分一定要紧贴侧墙。

② 在保温幕下方，加装活动的二道保温系统。保温幕和二道膜（二道保温系统）的下垂部分也应该贴紧侧墙。

③ 在压幕线和保温幕之间加装一层薄膜（二道膜），省钱且效果好。在压幕线的下面、保温幕的上面加装一层薄膜，当保温幕完全遮盖时，关闭的保温幕和二道薄膜形成类似"棉被"的结构，顶部的散热系数降至原来的53％，大大节省加温费用。

5. 加温设施

（1）燃油加温设施　最好使用多个出口的加温机，使温室内热量分布均匀。

（2）燃煤加温设施　采用此设施加温成本大大降低。也可烧柴。

（3）热水加温设施　若能利用温泉或工业废热水加温，则可大大节省加温开支。采用热水加温，效果良好。

6. 注意事项

（1）建材选择　立柱、转轴等温室的主要建材一定要使用热镀锌钢管，为使加工及建造方便，可使用方管，也可使用圆形的热镀锌水管。而且立柱钢管的管壁厚度要在3mm以上，直径要在2in（1in＝2.54mm）以上，不能太细。

在温室葡萄生产过程中，必须确保不间断供电。关键时停电几小时，可能造成上千万元的损失。夏天上午，当内外遮光网还没有遮盖时，如果停电2～3h，因没有遮阴和无法使用水帘风扇系统降温，温度会升到45℃以上；冬日凌晨，外界温度最低时，若停电3～4h，温室内的温度会接近室外，温室内的植物损失惨重。

因此，要根据用电量，配备适当功率的发电机和切换开关。发电机要定期检修，并且每半个月运行1次，发现问题及时解决。

防火和灭火，电线要布在线管内，最好使用铁线管。在连体温室内，每个单体都要配备一个灭火器。温室内外都要安装自来水（使用铁管），当温室发生火灾切断电源时，可使用自来水迅速灭火。

（2）遮光系统

① 经常停电的地区，应使用双动力电动机，既可电动控制遮光系统的开闭，也可手动控制。

② 遮光系统电动机的转轴与传动系统的转轴之间，要使用带螺丝的连接管连接。当来回移动的遮阴网受阻时，连接转轴的连接管的螺丝（直径为 8～10mm）可迅速扭断，电动机与传动系统分离，电动机空转，可防止电动机烧毁，避免遮阴系统崩溃。

③ 电动机应安装在遮光传动系统转轴的头部或尾部。

（3）降温系统

① 风扇。

a. 在电压稳定的地区，为方便控制温室内的温度，可安装自动温控系统。

b. 在电压不稳定的地方，最好人工控制。也可安装自动温控系统与手动温控系统切换开关，即在电压稳定时，自动控制，不稳定时人工控制。

② 水帘供水系统。

a. 为方便维修，应使用水泵和电动机可分离的供水系统。

b. 在连体温室内，最好安装两个小功率电动机的供水系统，代替一个大功率电动机的供水系统，分别对温室内东西两个区域的水帘供水。当一个供水系统发生故障时，另一个供水系统可通过开关的切换，轮流向东西两边的水帘供水。

c. 电动机一定要做好接地工作，严防漏电。

d. 水帘供水系统要通过开关与自来水系统连接，当井水供应不足时，使用自来水代替，也能取得较好的效果。

（4）加温系统　根据温室的大小和加温需求，配置两台以上的加温机加温。再小的温室也要配置两台小功率的加温机，代替一台大功率的加温机，当一台发生故障时，另一台还可使用。如果只配备一台大功率的加温机，则应该备足木柴，危急时烧柴加温，切忌在温室内直接烧煤加温，因为煤烟中二氧化硫等毒气，对葡萄生长危害极大。

斜拉钢丝绳加固温室夏秋两季台风比较大的地方，要斜拉钢丝绳加固温室。从温室上层外遮光系统的外围骨架（四个方向），每隔3m，向下拉带塑料外套的钢丝绳（直径8mm以上），固定在地面上相应的水泥桩上。在地面上温室四周，离温室基础约4m处挖坑，坑间距为3m，挖边长30～40cm、深50～80cm的深坑，倒入混凝土即可形成水泥桩，水泥桩之间以4cm的镀锌管（埋深20～30cm）或直径为12mm的钢筋相连。

第三节　温室建筑材料

一、日光温室建筑材料

1. 骨架材料

园艺设施与一般建筑的最大区别在于采光要求，其目的是最大限度地满足植物对光的要求。因此，温室骨架材料应具有一定的机械强度、遮阴面积小、耐潮、防腐蚀等特点，同时要考虑价格低廉。

（1）木材　木材具有取材广泛，加工方便，可通过榫、钉、绑等方法连接等优点，主要用于塑料大棚的支柱、纵向拉杆、小吊柱及日光温室的立柱、柁木、檩木、拱杆及门窗等。用作骨架材料的木材，要求纹理直、木结少、有一定强度、不腐朽、虫眼少、耐用性好、着钉力强。可以使用杉、落叶松、柳树等的原条（已去除皮、根及树梢，但尚未按一定尺寸加工成材的木材）和原木（已去除皮、根及树梢，并已按一定尺寸加工成规定直径和长度的木材）。木材作棚室骨架的缺点是遮阴大、跨度小、不耐腐，且目前材料较为紧缺，近年来逐渐被钢材或钢筋混凝土所代替，除林区等特殊地区外，木结构的温室、塑料棚已越来越少。

（2）竹材　主要用于塑料大棚的支柱、拉杆、拱杆及日光温室的支柱、前檩、腰檩以及拱杆等。竹材具有相当高的强度，尤其是抗拉强度，可以代替混凝土的钢筋使用。它能够自由弯曲，弹性好，韧性大；在潮湿条件下使用不易腐烂，价格便宜、质地轻、便于运输。竹子使用中要注意防止干燥开裂从而降低强度，影响寿命。其缺点是机械强度不如钢材。

（3）钢材　强度、刚度、塑性和韧性都强于其他材料，可焊接或用螺栓、卡具等连接。常用钢材包括钢筋、薄壁镀锌钢管、型钢等材料。钢筋取材方便，制作简单，但用来焊接温室骨架，耗钢量大，焊接点多，费工费电，且易生锈；薄壁镀锌钢管采用双面热浸镀锌处理，可以防锈，使用年限较长，缺点是造价高；温室的柱、檩、椽等结构构件常用型钢（如工字钢、槽钢、角钢、带钢等），其优点是承重能力强，缺点是自重大，采光、保温性能差，且较易锈蚀。常用钢筋、钢管的规格见表3-4、表3-5。

表3-4　钢筋的直径、横截面面积和理论质量

直径 /mm	横截面面积 /mm²	理论质量 /(kg/m)	直径 /mm	横截面面积 /mm²	理论质量 /(kg/m)
5	19.63	0.154	12	113.1	0.888
6	28.27	0.222	14	153.9	1.210
7	33.18	0.261	16	201.1	1.580
8	50.27	0.395	18	254.5	2.000
10	78.54	0.617	20	314.2	2.470

表3-5　钢管的规格及理论质量

外径 /mm	壁厚 /mm	理论质量 /(kg/m)	外径 /mm	壁厚 /mm	理论质量 /(kg/m)
20	1.2	0.556	30	1.2	0.851
	1.5	0.684		1.5	1.050
	2.0	0.888		2.0	1.380
25	1.2	0.703	32	1.2	0.910
	1.5	0.869		1.5	1.130
	2.0	1.130		2.0	1.480

（4）钢筋混凝土材料　包括普通的由钢筋、沙子、石子、水泥制作的预制柱及钢筋-玻璃纤维增强混凝土骨架材料。此类骨架材料优点是强度大、抗腐蚀、造价低，缺点是自重大、遮光率大，运输、施工安装较费工。

2.墙体材料及填充材料

（1）土墙　土墙经济实用，且保温性能优于砖墙和石墙，故在日光温室建造中广泛应用。建造日光温室的土墙体以就地取土为主，有的用土掺草泥垛墙，有的构筑"干打垒"土墙。为提高土墙强度、增强耐水性和减少干缩裂缝，可加入适量填料，如加入10％～15％的石灰能提高强度和耐水性，掺入碎稻草或麦秸可减少干缩裂缝，掺入适量的沙子、石屑、炉渣等，既可增加强度，又能减少干裂。

（2）石墙　天然石料有很高的强度，用石料砌墙完全可以满足承重要求。尤其是整齐的条石，砌出的墙体强度更大。石墙的缺点是自重大、砌筑费工，而且导热快。因此，温室采用石墙，外面必须培上足够的防寒土，才能达到保温蓄热效果。

（3）砖墙　砖墙的优点是耐压力强、砌筑容易，缺点是建造成本高，保温性能略低于土墙。

① 普通黏土砖。我国标准黏土砖的规格是240mm×115mm×53mm，其砌体每立方米需512块。

② 多孔混凝土砌块。是由胶结材料（水泥、石灰、石膏等）、水和加气剂及泡沫混合剂混合制成的墙体材料。由于多孔、质轻、具有一定强度、耐热性及耐腐蚀性较好，是一种常用保温材料。常用的多孔混凝土砌块有加气混凝土砌块和泡沫混凝土砌块两种。

（4）舒乐舍板　一种新型墙体材料。一般由50mm厚的整块阻燃自熄性聚苯乙烯泡沫为板芯，两侧配以$\phi 2.0$mm＋0.05mm冷拔钢丝焊接制作的网片，中间斜向45°双向插入$\phi 2.0$mm钢丝，连接两侧网片、采用先进的自动焊接技术焊接而成的钢丝网架聚苯乙烯夹芯板。舒乐舍板现场施工方便，仅需根据设计进行连接拼装成墙体，然后在板两侧涂抹30mm厚的水泥砂浆即成墙体。舒乐舍板墙体具有保温、隔热、抗渗透、重量轻、运输方便、施工简单、速度快等特点。110mm舒乐舍板相当于660mm厚的砖墙。

（5）填充材料 异质复合结构墙体的填充材料多用聚苯板、炉渣、珍珠岩、锯末等。竹木结构温室后屋面填充材料包括玉米秸、稻草、麦秸、茅草等秸秆类材料，配合使用的还有碎草、稻壳、高粱壳等轻质保温材料，钢架结构温室后屋面多用聚苯板和炉渣作填充。温室常用墙体材料及填充材料的热工参考指标见表3-6。

表3-6 温室常用墙体材料及填充材料的热工参考指标

材料名称	容重 /（kg/m³）	导热率 /［kcal/（m²·h·℃）］	蓄热系数 /［kcal/（m²·h·℃）］
夯实草泥或黏土墙	2000	0.80	9.10
草泥	1000	0.30	4.40
土坯墙	1600	0.60	7.90
整齐的石砌体	2680	2.75	20.60
钢筋混凝土	2400	1.30	14.00
重砂浆黏土砖砌体	1800	0.70	8.30
轻砂浆黏土砖砌体	1700	0.65	7.75
空心砖	1200	0.45	5.56
锯末	250	0.08	1.75
稻草	320	0.08	1.55
空气（20℃）	1.2	0.02	0.04

注：1cal=4.1840J。

3. 塑料薄膜

目前我国生产的棚膜类型较多，按生产薄膜树脂原料分为聚乙烯（PE）薄膜、聚氯乙烯（PVC）薄膜和乙烯-醋酸乙烯共聚物（EVA）薄膜。

（1）聚乙烯（PE）棚膜（图3-33） 聚乙烯膜是聚乙烯树脂经挤出吹塑而成的膜。它具有密度小（0.95g/cm³，PVC为

1.41g/cm³）、吸尘少、无增塑剂渗出、无毒、透光率高等优点，适于用作各种棚膜、地膜，是我国当前主要的农膜品种。其缺点是保温性差，使用寿命短，不易黏合，不耐高温曝晒（高温软化温度为50℃）。要使聚乙烯棚膜性能更好，必须在聚乙烯树脂中加入许多助剂（如光氧化剂、无滴剂、防尘剂、保温剂等）改变其性能，才能适合生产的要求。目前PE的主要原料是低密度聚乙烯（LDPE）和线型低密度聚乙烯（LLDPE）等。主要产品如下。

图3-33 聚乙烯膜覆盖温室棚

① 普通聚乙烯膜。该膜是在聚乙烯树脂中不加任何助剂所生产的膜。最大缺点就是使用时间短，一般使用期为4～6个月，目前正逐步被淘汰。

② 聚乙烯防老化（长寿）膜。在聚乙烯树脂中按一定比例加入防老化助剂（如红外线吸收剂、抗氧化剂等）吹塑成膜。加入防老化助剂可克服普通聚乙烯膜不耐高温日晒、不耐老化的缺点。目前我国生产的聚乙烯防老化（长寿）膜厚度一般为0.10～0.12mm，可连续使用24个月。由于延长了使用期，覆盖栽培成本降低，是目前设施栽培中使用较多的农膜品种。

③ 聚乙烯长寿无滴膜（双防农膜）。该膜是在聚乙烯树脂中加入防老化剂和流滴剂（表面活性剂）等功能助剂吹塑成膜。该膜厚度0.12mm，无滴持效期可达到150天以上，使用寿命达12～18个月，透光率较普通聚乙烯膜提高10%～20%。

④ 聚乙烯保温膜。在聚乙烯树脂中加入保温剂（如远红外线阻隔剂）吹塑成膜。该膜能阻止设施内的远红外线（地面辐射）向大气中的长波辐射，从而把设施内吸收的热能阻挡在设施内。该膜可提高保温效果1～2℃，在寒冷地区应用效果好。

⑤ 聚乙烯多功能复合膜。采用三层共挤设备将具有不同功能的助剂分层加入制备而成。将防老化剂加入外层，使其具有防老化功能，延长薄膜寿命；防雾滴剂相对集中于内层，提高薄膜的透光率，保温剂相对集中于中层，抑制室内热辐射的流失，使其具有保温性。目前我国生产的聚乙烯多功能复合膜厚度一般为0.05～0.10mm，使用寿命12～18个月，夜间保温性能优于聚乙烯膜，接近于聚氯乙烯膜，流滴持效期3～4个月。

⑥ 聚乙烯紫光膜。在聚乙烯双防膜基础上添加调光剂制成，除具有耐老化、无滴性能外，还能把$0.38\mu m$以下的短波光转化为$0.76\mu m$以上的长波光。增加了棚内可见光的含量，透光率比聚氯乙烯膜高15%～20%，棚内升温快，降温慢，比其他膜增温1～2℃。

（2）聚氯乙烯（PVC）棚膜　它是在聚氯乙烯树脂中加入适量的增塑剂（增加柔性）压延而成。其特点是透光性好，阻隔远红外线，保温性强，柔软易造型，好黏合，耐高温日晒（高温软化温度为100℃），耐候性好（一般可连续使用1年左右）。其缺点是随着使用时间的延长增塑剂析出，吸尘严重，影响透光；密度大（$1.41g/cm^3$），一定重量棚膜覆盖面积较聚乙烯膜减少24%，成本高；不耐低温（低温脆化温度为−50℃），残膜不能燃烧处理，因为会有有毒氯气产生。可用于夜间保温性要求较高的地区。

① 普通聚氯乙烯棚膜。不加任何助剂压延成膜，使用期仅6～12个月。

② 聚氯乙烯防老化（长寿）膜。在聚氯乙烯树脂中按一定比例加入防老化助剂压延成膜。有效使用期达8～10个月，此膜具有良好的透光性、保温性和耐老化性。

③ 聚氯乙烯长寿无滴膜。在聚氯乙烯树脂中加入防老化剂和流滴剂压延成膜。该膜透光性好，保温性好，无滴持效期达150天

以上，使用寿命达 12～18 个月，应用广泛。

④ 聚氯乙烯长寿无滴防尘膜。在聚氯乙烯长寿无滴膜的基础上，膜的外表面经过特殊处理，从根本上解决棚膜在使用过程中的吸尘现象，是高效节能温室比较理想的棚膜。其主要特点是透光性高，扣棚初期，透光率可达 85％以上，连续使用 18 个月，透光率仍可达 50％以上；提高保温性能，棚室内气温、地温可比聚氯乙烯无滴膜高出 2～4℃；使用寿命长达 18 个月；防尘无滴效果好，从田间观察防尘效果明显好于聚氯乙烯无滴膜。

（3）乙烯-醋酸乙烯共聚物（EVA）薄膜　是以乙烯-醋酸乙烯共聚物（EVA）树脂为主体的三层复合功能性薄膜。一般厚度为 0.1～0.12mm，具有透光性能好、耐老化和防雾性能好等特点，保温性优于 PE 膜，但较 PVC 膜差。

（4）其他棚膜

① 漫反射棚膜。以聚乙烯为基础树脂，加入一定比例对太阳光透射率高、反射率低、化学性质稳定的漫反射晶核，使直射阳光的垂直入射光减少，降低中午前后棚内高温的峰值，增加午前、午后光线的透过率，有利于葡萄的均衡生长，同时夜间的保温性也强。

② 转光膜。在聚乙烯、聚氯乙烯树脂中加入光转换物质和助剂，使太阳光中的紫外线转变为可见光。增强设施作物的光合作用，促进作物的生长发育。

③ 近红外线吸收膜。近红外线吸收膜是在聚乙烯、聚氯乙烯树脂中加入近红外线吸收物质，当太阳照射到膜时，可吸收一部分近红外线，从而减弱透过设施的近红外线，可自然降低设施内的温度。该膜适宜高温季节使用。

设施栽培中应根据设施类型不同、栽培季节不同、品种不同，而选用适宜的塑料薄膜类型。高效节能日光温室冬春茬果菜类生产，因覆盖期长达 8 个月以上，应选用透光率好、保温性能强、无滴效果好的聚氯乙烯无滴膜或聚氯乙烯防尘无滴膜。一般温室及大棚春提早和秋延迟栽培，应选用聚乙烯无滴防老化膜、聚乙烯无滴膜、聚乙烯多功能膜等。对春季短期中小棚覆盖应选用聚乙烯普通膜。现将聚乙烯（PE）膜、聚氯乙烯（PVC）膜和乙烯-醋酸乙烯共聚物（EVA）膜的特性列入表3-7。

表 3-7　PE、PVC 和 EVA 三种塑料薄膜特性比较

比较项目	聚乙烯薄膜（PE）	聚氯乙烯薄膜（PVC）	乙烯-醋酸乙烯共聚物薄膜（EVA）	备注
对红外线的阻隔性	差	优	中	PVC＞EVA＞PE
初始透光性	良	优	优	EVA＞PVC＞PE
后期透光性	中	差	良	EVA＞PE＞PVC
保温性	中	优	良	PVC＞EVA＞PE
耐候性	良	差	优	EVA＞PE＞PVC
防尘性	良	差	良	EVA＞PE＞PVC
黏接性	中	优	优	EVA＞PVC＞PE
防流滴性	中	良	良	EVA＞PVC＞PE
耐低温性	优	差	优	EVA＞PE＞PVC
耐穿刺性	良	优	优	EVA＞PVC＞PE

4. 保温覆盖材料

（1）草苫　一般用稻草、蒲草、谷草、芦苇以及其他山草编制而成。稻草苫一般宽 1.5～1.7m，长度为采光屋面之长再加上 1.5～2.0m，厚度在 4～6cm，大经绳在 6 道以上。蒲草苫强度较大，卷放容易，常用宽度为 2.2～2.5m（图 3-34）。草苫的优点是取材广泛，材料为剩余农产品的下脚料，价格便宜，保温性能好，冬季盖草苫的温室比不盖草苫的温室温度高 10℃。缺点是不耐用，一般只能使用 3 年左右。而且淋雨（雪）后材料导热系数剧增，几乎失去了其保温效果，且自身重量成倍增加，给温室骨架造成很大压力，并使草苫卷放困难。

（2）纸被　用旧牛皮纸或直接从造纸厂订做。使用纸被主要

图 3-34 草苫覆盖温室

是铺在草苫下面防止草苫划破薄膜，并在草苫和塑料膜间形成一层致密的保温层，使温室的保温性能进一步提高。据测定，严寒冬季用 4～6 层牛皮纸与 5cm 厚草苫配合使用，可使温室内温度比单独使用草苫提高 7～8℃。但纸被与草苫一样，在被雨雪浸湿时，保温性能下降，且极易损坏。

（3）棉被　保温效果优于草苫，其保温能力在高寒地区约为10℃。一般在缝制棉被时要再用一层防水材料，以防淋湿。标准棉被每平方米用棉花 2kg，厚度 3～4cm，宽 4m，长度比前屋面弧面长出 0.5m，以便密封。棉被造价高，一次性投资大，可使用多年。

（4）保温被　传统的保温覆盖材料很笨重，不易铺卷，进行铺卷操作时又易将薄膜污损，容易腐烂，寿命短，加之质量得不到保证，促使人们研究开发出保温效果不低于草苫，而且轻便、表面光滑、防水、使用寿命长的外保温覆盖材料。常见保温被由多层不同功能的化纤材料组合而成，厚度 6～15mm。典型的保温被由防水层、隔热层、保温层和反射层四部分组成（图 3-35）。防水层位于最外层，多由防雨绸、塑料薄膜、喷胶薄型无纺布和镀铝反光膜等制成，具有耐老化、耐腐蚀、强度高、寿命长等特点；隔热层主要由阻隔红外线的保温材料构成，主要作用是减少热量向外传递，增强保温效果；保温层多用膨松无纺布、针刺棉、纤维棉、塑料发泡片材等制成，是保温被的主要部分；反射层一般选用反光镀铝膜，主要功能为反射远红外线，减少辐射散热。目前国内常用保温被有以下几种。

图 3-35　保温被覆盖温室

① 复合型保温被。采用 2mm 厚蜂窝塑膜两层，加两层无纺布，外加化纤布缝合制成。具有重量轻、保温性好、适于机械卷动等优点。主要缺点是长时间使用后，里面的填充材料易破碎。

② 针刺毡保温被。以针刺毡作主要防寒保温材料，一面覆上化纤布，另一面用镀铝薄膜与化纤布相间缝合作面料，采用缝合方法制成。该保温被造价低、自重稍大，防风性、保温性均较好。最大缺点是防水性较差，浸湿后不易晾晒。

③ 腈纶棉保温被。用腈纶棉、太空棉作主要防寒材料，用无纺布作面料，采用缝合法制成。该保温被保温性能好，但耐用性和防水性均较差。

④ 保温棉毡保温被。以棉毡作主要防寒材料，两面覆上防水牛皮纸加工而成。该保温被与针刺毡保温被性能相近，且价格低廉，但使用寿命短。

⑤ 泡沫保温被。采用微孔泡沫作主要保温材料，上下两面采用化纤布作面料加工而成。具有质轻、柔软、保温、自防水、耐

化学腐蚀和耐老化等优点，主要缺点是自重轻、防风性差。

二、现代化温室材料

理想的覆盖材料应是透光性、保温性好，坚固耐用，质地轻，便于安装，价格低廉等。现代化温室覆盖材料主要为平板玻璃、塑料板材和塑料薄膜。

1. 玻璃

温室用的普通平板玻璃大多数 3～4mm 厚，钢化玻璃为 5mm 厚。玻璃的主要特点是防尘、防腐蚀，使用寿命长，一般可用 30 年以上；透光率高，一般为 90% 左右，透光率很少随着使用年限的延长而下降。其不足之处是密度大，对支架的坚固性要求高；容易破碎，而且普通平板玻璃透紫外线能力低，不利于葡萄的生长。近年来，一些国家开发出热射线吸收玻璃、热射线发射玻璃、热敏和光敏玻璃等一系列多功能玻璃，但由于价格贵等原因，目前还未推广使用。

2. 塑料板材

塑料板材又称硬质塑料板，是指厚度为 0.25mm 以上的塑料板。近年来，随着化学工业的发展，硬质塑料板在设施中的使用量有所增加。硬质塑料板从结构上分有平板、波纹板及复层板三种，其厚度大多为 0.8mm 左右，以往大多以 PVC 板、FRP（玻璃纤维增强聚酯树脂）板和 FRA（玻璃纤维增强聚丙烯树脂）板较多，但由于前二者使用一定时间后易发生变色，目前大多以 FRA 板、MMA（丙烯树脂）板和 PC（聚碳酸酯树脂）板为多。硬质塑料板不仅具有较长的使用寿命（10～15 年），而且透光率可达 90% 以上，机械强度高，保温性好，节能效果显著。目前，由于塑料硬板的价格较高，使用面积有限。常用硬质塑料板的性能如下。

（1）玻璃纤维增强聚酯树脂板（FRP 板）　它是聚酯树脂与玻璃纤维所制成的复合材料，厚度为 0.6～1mm，波幅宽 32mm。

FRP 板主要透过 380～2000nm 的光谱线，紫外线透过少，近红外线透过多。使用年限 10 年以上。

（2）丙烯树脂板（MMA 板）　它是由丙烯树脂加工而成，厚度为 1.3～1.7mm，波幅宽 63mm 或 130mm。以优良的耐候性和透光性为特点，长期使用也不会变差，性能稳定。可透过 300nm 以下的紫外线。

（3）玻璃纤维增强聚丙烯树脂板（FRA 板）　它是由丙烯树脂与玻璃纤维所制成的复合材料。FRA 板有 32 条波纹板和平板两种，厚度为 0.7～1mm，波幅宽 32mm。FRA 板与 FRP 板具有同等的机械性能和物理特性，而采光性能比 FRP 板更好，透过光线范围更广，可达 280～5000nm。

（4）聚碳酸酯树脂板（PC 板）　它是由碳酸酯树脂加工而成，有波纹板（厚度 0.7～1.5mm）和复层板（厚度 3～10mm）两种规格。主要特点是耐冲击强度高，是玻璃的 40 倍，能承受冰雹、强风、大雪；透光率高达 90%，并且随着时间的延长下降缓慢；温度适应范围广，耐寒、耐热性好，保温性能强，为玻璃的 2 倍；不结露，阻燃。缺点是阻止紫外线的通过，因此，不适合用于需要由昆虫来促进授粉受精和那些含较多花青素的植物。

3. 半硬质薄膜

目前，国外使用的半硬质膜主要有半硬质聚酯膜（PET）和氟素膜（ETFE）。半硬质膜的厚度为 0.150～0.165mm，其表面经耐候性处理，具有 4～10 年的使用寿命。该类型薄膜由于燃烧时会产生有害气体，回收后需由厂家进行专业处理。

第四章　温室葡萄栽植

【知识链接】　葡萄根

　　葡萄根系吸收根的数量很大，因此具有强大的吸收功能，同时也具有强大的输导系统，多年生根的横截面上肉眼即可看到粗大的导管，保证了水分、养分迅速地向上运输，地下地上养分的交换，使地上枝蔓旺盛，迅速地攀缘生长。葡萄的根是肉质性的，又是重要的储藏器官（图 4-1）。晚秋和冬季，在根的各种组织中积累大量的淀粉、蛋白质和糖类等营养物质。因此，越冬时根系受到严重伤害对次年生长非常不利。

　　葡萄根系在年周期中一般出现春季和秋季两次生长高峰。春天，地温达 6～6.5℃，地上枝蔓新伤口出现伤流，即标志着根系开始活动。地温达 12～14℃时开始生长，20℃左右旺盛生长，进入第 1 次生长高峰。秋季落叶前出现第 2 次生长高峰。根系的生长活动，受地温和其他土壤条件

图 4-1　葡萄根

影响外，也与品种、树龄、树势、肥水条件和植株营养状况有关。

葡萄的根系常因架式不同分布很不对称。一般棚架整枝，枝蔓倒向一面生长，根系在架前生长比架后旺盛，根量也大，施肥和灌水应注意这种情况。深翻后的土壤中葡萄根系生长旺盛，分布深广，吸收根数量多，因此更能抗旱、耐寒。葡萄根系衰老后，发生新根的能力逐年减弱，如果将老根截断，则可在伤口附近发出大量的新根。所以适时对老根进行适当更新，可刺激根群的生长，使衰老的植株得以复壮。

第一节　栽植制度

温室葡萄的栽植制度有两种，即一年一栽制和多年一栽制。

一年一栽制是指采用一年生苗栽植，第 2 年浆果采收后更新，重新定植培育好的一年生新苗。此种制度在巨峰系葡萄品种中应用效果较好，具有果实质量好、丰产等优点。此外，由于不需要考虑植株第 2 年的情况，可以高密度栽植，单产高、效益大，还可以根据市场变化及时调整种植的品种。但此种栽植制度每年都需要大量的高质量苗木，育苗成本大。目前这种栽植制度的应用逐渐在减少。

多年一栽制，即苗木栽植 1 次，可以连续多年生长结果。目前我国大部分温室葡萄产区多采用这种栽植制度。它具有省工、省力、省苗木的优点。栽培管理好的条件下可以连续多年保持丰产、稳产。缺点是管理不当时，易导致葡萄早衰，芽眼成熟不好，春天芽眼萌芽率低，整齐度差，果穗小而松散，大小粒严重等，有些棚室甚至出现隔年结果现象。因此多年一栽制对生产者的技术要求比较高。

第二节　栽植密度

目前温室葡萄栽培中主要应用的架式有两种：棚架和篱架。

在日光温室内既有篱架，也有棚架。栽植时多采用双行带状栽植。温室都为集约栽培，因此栽植密度一般比露地栽植大，具体的密度要依据所采用的架式、树形、行向等确定。

合理密植是温室葡萄优质高产的前提。温室条件下密度过大，容易造成郁闭，不仅影响架面的通风透光和葡萄的花芽分化，而且影响葡萄产量和品质的提高及各项作业管理。密度过小，前期产量较低，不能有效合理利用设施条件，造成设施的闲置，相对增加了建园的投入，提高了成本。

温室葡萄生产既要充分利用棚内空间，又要保证充足的光照及良好的通风透光条件，同时还要便于管理。通过多年的生产实践，目前，温室葡萄生产上多采用无柱钢架结构棚体，东西长60~80m，南北跨度6.5~8m，东西行向，每棚2行，株距0.7m，前行距前底角0.8m，采用棚架（图4-2），向北爬蔓；后行距北墙1m，采用篱架，栽植240~300株/667m²。温室跨度大于8m的多采用篱架密植栽植（图4-3），南北行向，小行距1m，大行距2.5m，株距0.5m，栽植750~800株/667m²。结果2~3年后，根据枝条郁闭程度逐渐去掉每畦的东行，由双行变单行，行距由

图4-2　温室葡萄棚架

图 4-3　温室葡萄篱架

原来的 2.5m 变成 3.5m，向西爬蔓，架面与棚膜平行，枝梢至少距棚膜 0.6m。

FI 树形的单篱架栽植密度以 0.5m×1.3～1.4m（790·~850 株/667m²）为宜。架面直立。采用双篱架栽培时，适宜密度株距×小行距×大行距为 0.7m×0.5m×1.5 米（950 株/667m²）。架面稍向外倾斜，两行植株基部相距 50cm，上口第三道铁丝处相距 80cm，形成的叶幕结构呈倒"八"字形。

温室葡萄"V"形整枝，植株南北行栽植，行距 2m，株距 0.8m，形成"W"形叶幕。

第三节　栽　　植

一、栽植前准备

1. 苗木准备

温室葡萄栽植密度大，如果苗木长势不协调，往往会造成弱苗被生长速度快的壮苗遮盖，温室内架面也参差不齐，产量不一，这给生产管理带来一定的困难，因此，定植前必须把好选苗这一关。

2. 土壤准备

温室建好后，栽植前，首先要每亩施入 4000～5000kg 充分腐熟的有机肥，深翻后，平整土地。

由于温室栽培是在人为环境中栽培，因此对不良土壤必须进行改良。如利用山坡或梯田搞温室栽培，土层厚度要在 100cm 以上，沙砾土应过筛，拣出大的石砾。此外，大部分山地沙砾土，有机质含量少，保水、保肥性差，所以要掺入含有机质高的壤土及有机肥加以改良后再利用。对于低洼盐碱地，通过提高地面或挖深沟排水，或设暗管排碱等方法把地下水位降至 1m 以下再利用。对于较黏重土壤，由于通透性不良，土壤易板结，进行温室葡萄栽培，葡萄难以生长，再加上在封闭条件下种植葡萄，灌水易造成温室内湿度过饱和，不利于葡萄的生长发育，因此必须大量掺入沙壤土及有机肥，改良土壤后再加以利用。

二、栽植时期

1. 一年一栽制

对于新建的温室一般在 4 月中旬到 5 月上旬进行葡萄栽植；对于已经生产的棚室，应在 5 月下旬至 6 月中旬浆果全部采收后，立即拔除所有葡萄植株进行清园，然后将 4 月上旬到 5 月上旬预先栽植在大型营养袋中、生长良好的苗木移栽到棚室内进行定植，最迟不得晚于 6 月底。

2. 多年一栽制

多年一栽制的葡萄栽植时期可以分为秋栽与春栽。秋栽时间不宜过早，天津地区一般在 11 月上旬至中旬。春季栽植，在我国北方各省市，一般在 4 月上旬至 5 月上旬进行，如天津地区一般在 4 月上中旬。

对于已经覆膜的温室不适合秋栽。因为此时外界温度逐渐寒冷，而温室内温度仍较高，苗木不易打破休眠。同时栽苗时根系受损，而新根还未形成，不能正常吸水、吸肥，再加上地上部不断蒸发失水，导致苗木死亡。

三、栽植技术

温室葡萄的栽植技术与露地栽植基本相同，可以参照露地栽植进行。但是对于一年一栽制来说，要待 5 月中下旬至 6 月中旬葡萄全部采收后，才能清园整地，移栽葡萄苗。因此必须将苗木提前定植在直径 25cm 左右、高 30cm 左右的大型营养袋或塑料袋、编织袋中，加强管理，然后移栽。移栽前喷 800 倍液的多菌灵对土壤消毒，每亩施有机肥 4000～5000kg，将苗木连同营养袋一起栽于穴内，四周覆松土，用双手轻提营养袋上沿，使其脱离营养土团，再将覆土踏实，然后灌水，栽植过程见图 4-4～图 4-13。

图 4-4　葡萄嫁接苗

图 4-5　葡萄苗浸泡

图 4-6　营养钵育苗

图 4-7　营养钵苗生长状

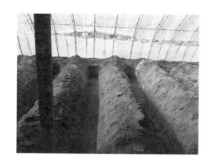

图 4-8 温室葡萄栽植挖栽植沟

图 4-9 营养钵苗移栽

图 4-10 苗木栽植

图 4-11 苗木拉线栽植

图 4-12 修畦埂

图 4-13 温室葡萄栽植浇水

第四章 温室葡萄栽植

第五章　温室葡萄树形和整形

第一节　葡萄整形修剪的作用

葡萄是藤本果树，在自然条件下靠攀缘周围物体向有阳光处生长。因此，上部因阳光充分，枝叶生长繁茂；下部因光照不足，枝叶发育不良而形成光秃带，结果少、品质差、结果部位外移。所以，需要通过整形修剪，按一定树形逐年修剪培养，使其成形，有牢固的骨架和发育良好的结果母枝组，以充分利用架面空间和阳光，调节树体生长与结果的关系，才能达到连年获得优质高效、绿色食品的目的。

第二节　树形及整形

葡萄温室栽培与露地栽培相比，光照、气温、湿度等环境都有所改变，再加上生长空间的限制，因此葡萄温室栽培，整形显得尤为重要。温室葡萄生产中，栽植方式、架式、树形和修剪方式常配套形成一定组合。

一、篱棚架双主蔓小扇形整形

定植后选留两根新梢作主蔓，呈倒八字形绑缚。如果葡萄苗只生出一个新梢时，必须在 50cm 时摘心，利用顶端 2 根副梢作主蔓。当新梢超过第一道铁丝 10cm 左右时，新梢长度约 80cm（篱棚架离地面第一道铁丝 70cm），对新梢（主梢）进行摘心，并保留摘心口下面的 3 根副梢。这 3 根副梢的方向不一样，用途也不一样。顶生副梢向上延伸，作主蔓培养，两个侧生副梢一左一右，各自平行沿铁丝向前生长，作为翌年结果母枝（其着生部位要接近铁丝部位）。其余副梢统一保留 1 叶摘心，基部 40cm 以内，副梢抹光。第 1 次主梢摘心后当延长副梢又长出 50cm 左右时，先行绑梢（绑在第二道铁丝上），再行第 2 次摘心，方法与前边一样。这时第 1 次摘心后的侧生副梢已达到 7～9 叶；要同时摘心。对叶腋中的二次副梢叶片均留 1 叶，摘心口仍保留 1 根副梢继续生长，长到 4～5 叶再行摘心。

值得注意的是，作为结果母枝培养的侧生副梢不能直立绑，先是任其自然下垂生长，等"低头弯腰"时再绑在铁丝上。作主蔓延长梢的副梢要直立向上，经过 3 次摘心（生长到第三道铁丝）后就要开始促进加粗生长。方法是主蔓延长梢不再向上绑扎，使其自然下垂，促使先端养分回流，加深花芽分化。

此种整形方式当年可达到成熟长度 1.5m 以上，具有 2 根主蔓，每根主蔓有 4～6 根结果母枝，翌年单株产量均在 5kg 以上（图 5-1）。

二、篱架双主蔓小扇形整形

定植当年的新梢管理及副梢培养与篱棚架一样。只不过单臂篱架第一道铁丝离地面 60 厘米，第 1 次主梢摘心的时间比篱棚架略早（图 5-2）。

三、棚架单蔓整形

每株葡萄培养一个单蔓，当两行葡萄的主蔓生长到 1.5～1.8m 时，引导其分别向水平两侧生长，大行距间的主蔓相接成棚架。升温萌芽后，在水平架面的主蔓上每隔 20cm 左右留一个结果

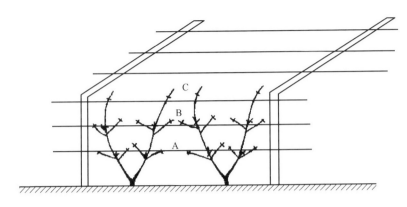

图 5-1　篱棚架双主蔓小扇形整形

A—第 1 次摘心处；B—第 2 次摘心处；C—第 3 次摘心处

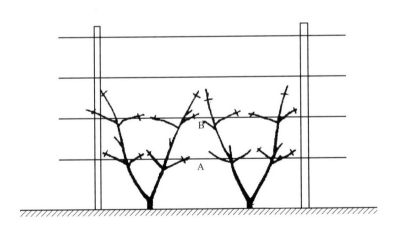

图 5-2　篱架双主蔓小扇形整形

A—第 1 次摘心；B—第 2 次摘心

枝结果，将结果新梢均匀布满架面。同时在主蔓棚架部分的转折处，选留一个预备枝。待前面结果枝采收后；回缩到预备枝处，用预备枝培养新的延长蔓（结果母枝）。棚架每年更新 1 次（图 5-3）。这种整形方式具有棚架部分结果新梢生长势缓和、光照条件好的优点。

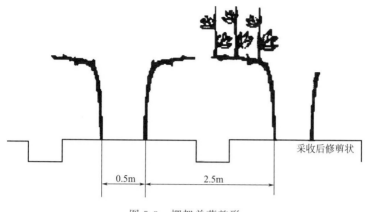

图 5-3　棚架单蔓整形

四、双篱架单蔓整形

苗木定植后，当新梢长到 20cm 左右时，每株葡萄留一个新梢培养主蔓，即单蔓整形。落叶后剪留 1.5m 左右，进入休眠期管理。加温萌芽后，每蔓留 5～6 个结果新梢结果，距地面 30～50cm 处留一个预备梢，上部果实采收后缩剪到预备枝处。没留出预备枝的也可以在果实采收后，及时将主蔓回缩到距地面 30～50cm 处，促使潜伏芽萌发培养新主蔓（结果母枝）。主蔓回缩时间最迟不能晚于 6 月上旬，以免萌发过晚，新梢花芽分化不良。新梢生长到 8 月中上旬摘心，促进枝蔓成熟，落叶后剪留 1.5m。即距地面 30～50cm 处的主蔓保持多年生不动，而上部每年更新 1 次（图 5-4）。

五、"FI" 整形

1. 树形结构特点

冬季修剪后的树体结构呈 "FI" 形，由一个直立的主轴和两个水平的结果母枝组成，见图 5-5。第一层结果母枝距地面 30～

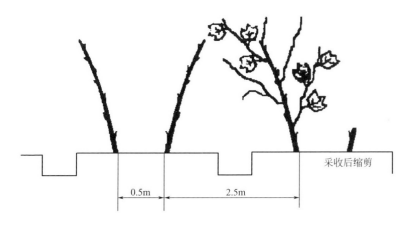

图 5-4　双篱架单蔓整形

40cm，第二层距第一层 60～70cm。两个结果母枝的长度依栽植株

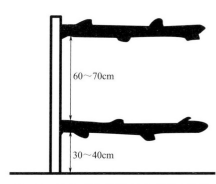

图 5-5　FI 树形休眠期修剪后整体结构

距而定，均向北延伸。在第一、第二层结果母枝处水平拉第一、第二道铁丝搭架，第三道铁丝距第二道铁丝亦为 60～70cm。生长季结果母枝上着生的结果枝垂直向上分别引缚于第二、第三道铁丝上，形成直立的叶幕结构，叶幕高度控制在 1.5m 左右，株高控制在 1.8m 左右，见图 5-6。果实采后进行更新修剪，树体结构如图 5-7 所示。

2. 整形过程

选择根系发达、无病虫害、枝条健壮的苗木建园，栽植后加强土、肥、水管理，前期促进新梢生长，确保植株尽快成形；后期控制旺长，促进枝条生长充实，芽眼饱满。萌芽后，选留一个健壮的新梢进行培养，其余新梢全部抹除，培养模式有四种。

图 5-6　FI 树形生长季结构

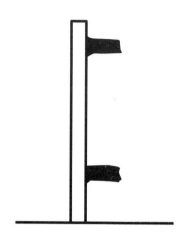

图 5-7　FI 树形采收后修剪结构

（1）利用主梢和一个副梢进行培养　当新梢生长超过第一道铁丝 15～20cm 时，将其水平引缚于第一道铁丝上，培养第一层结果母枝。当水平枝长到 60～70cm 时及时摘心，其上的副梢留 2～3片叶反复摘心，促进枝条充实和花芽分化。

在培养第一层结果母枝的同时，在第一道铁丝下适宜部位选留一健壮副梢，直立引缚，至第二道铁丝处时拉平，培养成第二层结果母枝。水平枝摘心及副梢的处理方法与培养第一层结果母枝相同。植株直立部分形成主轴。其上当年发生的副梢可留 2～3叶反复摘心，以留叶壮树，冬剪时可适当保留作为临时性结果枝组。

（2）利用两个副梢进行培养　当新梢生长至第一道铁丝时摘心，促发副梢。选留生长健壮、方位适宜的两个副梢，一个水平引缚于第一道铁丝上，培养成第一层结果母枝；一个直立引缚，至第二道铁丝处时拉平，培养成第二层结果母枝。水平枝摘心及副梢的处理方法与①相同。该模式对肥水管理及枝梢控制水平要求较高。

（3）采后整枝更新模式　温室葡萄栽培采用 FI 树形要求在果实采收后及时进行更新修剪，重新培养结果母枝，以保证正常的花芽分化，确保下年结果良好。常用的整枝更新方法有两种。

① 利用当年结果枝更新。果实采收后，选留靠近主轴的一个结果枝，基部留 1 饱满芽重短截，其余的结果枝连同母枝一同疏除，促进萌发新梢，培养成新的结果母枝。第一、第二层同时进行。将发出的新梢及时水平引缚，长度达 60～70cm 时及时摘心，控制生长。新梢上的副梢留 2～3 叶反复摘心，促进结果母枝的花芽分化。冬剪时结果母枝保留 50～60cm。

② 留预备枝更新。此方法要求在主轴上留预备枝，方法是春季枝条萌发后，在主轴上两个结果母枝的下部适宜部位分别选留 1～2 个新梢，通过摘心、重短截等措施控制其旺长。果实采收后，将原有结果母枝全部疏除。对预备枝留 1 饱满芽重短截，以促发新梢。结果母枝的培养方法与当年结果枝更新方法相同。

（4）常规扇形整枝的树形改造　由于目前温室葡萄生产上较多地采用扇形整枝技术，生产效益极不稳定，建议将整枝方式改为 FI 树形。果实采收后，选留一靠近植株基部、生长健壮的新梢，其余枝条全部疏除。对选留的新梢在适当部位进行重剪，促使冬芽萌发，再按相应模式进行培养，当年即可完成树形改造，第 2 年达到丰产。

六、"V"形整形

1. 树形特点

树形采用单臂单层整形技术，树体结构如图 5-8 所示。

单株树体结构：每个植株留 1 个近似水平略倾斜生长的主蔓，长度 0.8m。主蔓上均匀配备 4 个结果枝组，枝组间距 20cm；每个结果枝组由 2 个结果母枝组成。干高沿行向从南到北逐渐增高（即最南边一株干高 0.5m，最北边一株干高 1m）。生长期新梢向东西

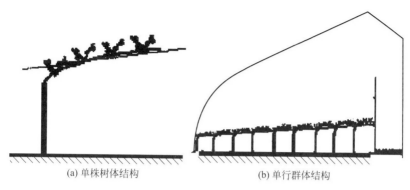

(a) 单株树体结构   (b) 单行群体结构

图 5-8 "V"形整枝树体结构

两侧行间与地面呈 45°向上引缚。新梢摘心后长度保持 1.4m 左右，行间新梢顶部相接，从南或北看，叶幕整体南低北高，并呈连续"W"形叶幕，如图 5-9。

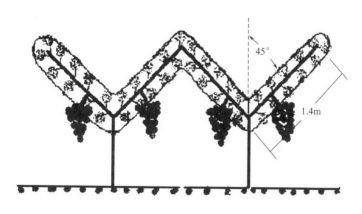

图 5-9 "W"形叶幕结构

温室葡萄"V"形整枝，可形成"W"形叶幕，充分利用了温室内有限的空间，提高了土地利用率和光能利用率；叶幕中光照分布比较均匀，"通风带、结果带、光合带"分布合理；果实成熟期比传统栽培方式提早，并且果实成熟期一致，品质好。该技术简单，操作方便，易推广，是一种优质、高效、省工的新模式。

2. 整形过程

（1）定植当年的树体管理　春季选择根系发达、无病虫害、枝条健壮的苗木南北行向定植，株行距为 0.8m×2.0m，定植后沿行向每行拉 1 道镀锌铁丝，铁丝高度为前底脚处距离地面 0.5m，温室后部距离地面 1m。当新梢长度超过铁丝 0.2m 时，将其向北近似水平引缚于铁丝上，留作主蔓，当主蔓长到 0.8m 时及时摘心，其上副梢留 2～3 片叶反复摘心。当年主蔓不够 0.8m 时，第 2 年继续培养。8 月下旬对所有新梢进行摘心控制生长，以促进枝条成熟和花芽分化。冬季修剪时在枝条粗度 0.8～1.0cm 处剪截。主蔓长不超过 0.8m。如图 5-10 所示。

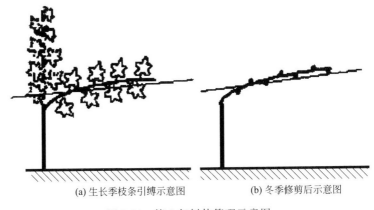

(a) 生长季枝条引缚示意图　　　　(b) 冬季修剪后示意图

图 5-10　第 1 年树体管理示意图

（2）第 2 年的树体管理　第 2 年温室开始升温后，用 20% 石灰氮溶液处理主蔓上的芽（顶部 2 个可不处理），以促进芽萌发整齐。萌芽前在每 2 行中间拉 1 道镀锌铁丝，镀锌铁丝高度前底脚处距离地面 1m，温室后部距离地面 2m，以方便引缚新梢。萌芽后，在主蔓上选留 4～5 个生长健壮、均匀分布的新梢，其余的全部抹去。用细绳将新梢均匀引缚于行间的铁丝上，见图 5-11。对于结果枝，果穗以上留 5 片叶摘心，果穗以下副梢全部去除，果穗以上副梢留单叶反复摘心，营养枝留 8 片叶摘心，副梢留单叶反复摘心。主蔓长度还不够0.8m的利用剪口下第1芽继续培养，并利用副梢培养结果枝组。果实采收后（5月中、下旬至6月上旬）对选留的新梢留基部2～3个芽进行重短截更新修剪，萌发后留6～8片叶及时摘心培养成结果枝组，见图5-12。冬季修剪时，主蔓上留4个结果枝组，每个结果枝组留2个结果母枝，对每个结果母枝留2～3个饱满芽剪截。第2年冬天即完成了树体培养过程。

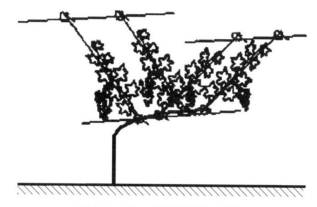

图 5-11　第 2 年新梢引缚示意图

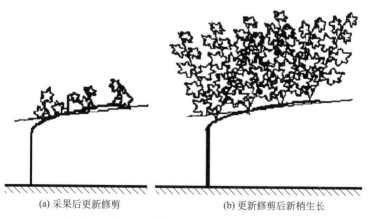

(a) 采果后更新修剪　　　　　　(b) 更新修剪后新梢生长

图 5-12　第 2 年更新修剪后及新梢生长示意图

（3）第 3 年及以后树体管理 从第 3 年开始，每年萌芽后每株选留 10～12 个新梢，其中结果枝 8～10 个，营养枝 2～4 个，并将新梢向两侧均匀引缚于行间形成"W"形叶幕。每 $667m^2$ 新梢数控制在 4160～5000 个。产量控制在 1500～2000kg。果实采收后进行重回缩更新修剪，重新培养结果母枝，冬季修剪每个结果母枝留 2～3 个饱满芽进行剪截，形成图 5-8 所示的结构。

第六章 温室葡萄环境调控

温室葡萄生产是在相对密闭的小气候条件下进行的，主要是利用棚室覆盖等设施创造或改善环境条件来进行葡萄促成或延后生产的。为了更好地发挥温室葡萄的生产效益，必须充分认识和掌握设施内的环境特点及调控技术措施。

第一节 光照及其调控

【知识链接】 照度计测定原理和使用步骤

（1）照度计测量原理 光电池是把光能直接转换成电能的光电元件。当光线射到硒光电池表面时，入射光透过金属薄膜到达半导体硒层和金属薄膜的分界面上，在界面上产生光电效应。产生电位差的大小与光电池受光表面上的照度有一定的比例关系。这时如果接上外电路，就会有电流通过，电流值从以勒克斯（lx）为刻度的微安表上指示出来。光电流的大小取决于入射光的强弱和回路中的电阻。照度计有变挡装置，因此可以测高照度，也可以测低照度（图6-1）。

（2）使用步骤

① 打开电源。

② 打开光检测器盖子，并将光检测器水平放在测量位置。

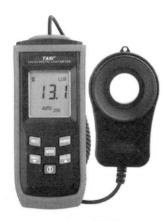

图 6-1 照度计

③ 选择适合测量挡位。如果显示屏左端只显示"1"，表示照度过量，需要按下量程键（⑧键），调整测量倍数。

④ 照度计开始工作，并在显示屏上显示照度值。

⑤ 显示屏上显示数据不断地变动，当显示数据比较稳定时，按下HOLD键，锁定数据。

⑥ 读取并记录读数器中显示的观测值。观测值等于读数器中显示数字与量程值的乘积。比如，屏幕上显示 500，右下角显示状态为"×2000"，照度测量值为 1000000lx，即 500×2000。

⑦ 再按一下锁定开关，取消读值锁定功能。

⑧ 每一次观测时，连续读数 3 次并记录。

⑨ 每一次测量工作完成后，按下电源开关键，切断电源。

⑩ 盖上光检测器盖子，并放回盒里。

一、光照强度

温室葡萄生产是在一年中光照时间最短、光照强度最弱的季节进行，而且由于支柱、拱架等遮阴，塑料薄膜的吸收和反射作用，以及塑料薄膜内面的凝结水滴或尘埃等影响，使得设施内的光照强度只有自然光照的 70%～80%，因此改善设施内的光照条件成为提高温室葡萄产量和质量的主要措施。

设施内的光照强度以垂直分布差异最大。在垂直方向上，越靠近薄膜光照强度越大，向下递减，且递减的梯度比室外大，大约每下降 1m，光照强度减少 10%～20%。以中部为例，靠近薄膜处相对光照强度为 80%，距地面 0.5～1.0m 为 60%，距地面 0.2m 处仅有 55%。光照的水平分布规律是，日光温室南北方向上，光照强度相差较小，距地面 1.5m 处，每向北延长 2m，光照强度平均相差 15% 左右。东西山墙内侧各有 2m 左右的空间光照条件较差，温室越长这种影响越小。

日光温室内葡萄南北行栽植。据测定，在冬季和早春白天前部光照强度明显高于后部，这是日光温室前部果树产量高于后部的重要原因之一。单株葡萄叶片上的光照自树冠上向下而递减，自树冠外向内递减。

二、光照时间

日光温室内的光照时间除了受自然光照时间的限制外，在很大程度上受人工措施的影响。冬季为了保温的需要，要晚揭早盖草苫和纸被，人为地造成室内黑夜的延长。12 月至第 2 年 1 月，室内光照时间一般为 6～8h；进入 3 月后，由于外界气温逐渐升高，管理上改为适时早揭晚盖，室内光照时间可达到 8～10h。

三、光照调控

温室葡萄生产实践证明，许多优质高效典型，都是采用了一系列的增光技术措施，使温室内光照增加，改善了葡萄对光照需要的条件。除了选择优型温室、选用透光率高的薄膜外，增光的措施还有以下几点。

一是定期用笤帚或用布条、旧衣物等捆绑在木杆上，将温室薄膜的尘土或杂物清扫干净（图 6-2）。此项工作虽然费工，但增加光照的效果较好。

二是在温度允许的前提下，适当早揭晚盖保温覆盖物（图 6-3），以延长光照时间。

三是在温室葡萄果实成熟前 30～40 天，在架下地面上铺设反光膜（图 6-4），将太阳直射到地面上的光，反射到树冠下部和中部的叶片和果实上，不但可以提高果实品质，还提高了产量，增加了收入。

图 6-2　清理温室棚膜

图 6-3　早揭晚盖保温覆盖物

图 6-4　架下地面上铺设反光膜

四是在温室后墙张挂反光幕，将射入温室后墙的太阳光投射到前部，可以增加光照 25％左右。方法是在中柱南侧或后墙、山墙的最高点横拉一道细铁丝，把幅宽 2m 的聚酯镀铝膜上端分别搭在铁丝上，折过来用透明胶纸粘住，下端卷入竹竿或细绳中。

此种方法在辽宁省大连、营口、沈阳等地日光温室葡萄生产中都有应用。

五是在连续阴天的时候，为了保证葡萄能够正常生长发育，需进行人工照明补充光照（图 6-5）。

图 6-5　人工照明补充

阴天时，也要揭开草苫。因为阴天的散射光也有增光与增温的作用。下雪天一般不宜揭草苫，当天气转晴后立即扫雪揭草苫；当连续两三天揭不开草苫，一旦晴天，光照很强时，不宜立即把草苫全揭开，可以先隔一揭一，逐渐全部揭开。

六是修剪。葡萄因为枝条过密或者架形不太合理常常造成局部光照不足，造成底层叶片过早衰老黄化。这时要合理布架，及时地进行修剪，剪除过密和徒长枝条，对副梢要进行及时摘心，对黄化衰老的枝条要进行摘除。对于部分交织在一起的枝条要理顺关系，均匀地绑到架面上。

七是套袋。在温室葡萄栽培中，光照的强弱直接影响到葡萄果实的外观品质，光照过强时常常引起日灼的发生和葡萄着色过深。造成果面局部凹陷坏死和果实颜色发黑。在高寒冷凉地区环境污染较少，光照较强，特别是紫外线的照射较强，以红地球葡萄为例来说着色较容易，但是过强的光照照射容易导致红地球葡萄着色太深，使"红提"变为"黑提"，使葡萄失去了原有性状和商品价值。为了调控葡萄果面的色泽，在生产实践中主要用套袋的方法来调控葡萄果面的光照强度（图6-6）。在生产中根据葡萄纸袋的色泽可分为白纸袋、黄纸袋、蓝纸袋和牛皮纸袋，它们的透光率依次降低。在葡萄日光温室延迟栽培中应用较多的是白纸

图6-6 温室葡萄套袋

袋，白纸袋有利于葡萄光照的减弱，降低葡萄的色泽和提高葡萄的外观品质。

第二节　温度及其调控

【知识链接】　温度计的使用

（1）温度计简介　在生产实践中最常用的温度计是水银温度计和酒精温度计，即在一个密闭的小玻璃球内装上水银或者酒精，受热后水银或者酒精在柱状玻璃管中上升。在柱状玻璃的外端标有刻度，当水银柱或者酒精柱上升到一定高度后，水银柱或者酒精柱顶端所对齐的刻度即为所处环境的温度。水银温度计和酒精温度计的优点是廉价携带方便。除此之外，随着科技的发展，电子数码温度计也得到了越来越广泛的应用。电子数码温度计上面有一个显示器，直接可以从显示屏上读出温度及所处环境的温度，将电子数码温度计安装好后，显示器上会自动显示出所处环境的温度，它的优点是快速方便易读。一般的温度计都用摄氏度（℃）作为单位。

（2）温度计的安装　为了较客观地利用温度计来测量日光温室内温度，温度计的安装悬挂要科学合理，通常情况下日光温室内的温度中间高于两端，为了准确地反映日光温室内的温度，在日光温室内应等距离地悬挂三支温度计，然后求其平均值，则平均值代表日光温室内的温度。温度计应安装悬挂在离地面1.2～1.5m的高度，在棚前屋面和后屋面的中心上空。温度计的安装不可悬挂在前屋面上或者水泥立柱上，这样测出的温度高于室内温度，也不可将温度计悬挂在葡萄植株上，这样因为葡萄叶片的遮阴而测出的温度低于温室内温度。

一、气温

日光温室由于采光面合理，结构严密，采用多层覆盖，加上适宜的管理措施，室内气温明显高于室外。室内外温差最大值出现在最寒冷的 1 月，以后随外界气温的升高、通风量加大，室内外温差逐渐缩小。

冬季晴天室内气温日变化显著。温室内最低气温出现在揭开保温覆盖材料前的短时间内，揭开覆盖材料后气温很快上升，11时前升温最快，在密闭条件下每小时最多可上升 6～10℃，这期间是温度管理的关键。13 时气温达到最高，以后开始下降，15时以后下降速度加快，直到覆盖保温物为止。此后温室内气温回升 1～3℃，然后平缓下降，直到第 2 天早晨。温室内的气温在南北方向上分布不均匀，中部气温最高，向北、向南递减，白天南部高于北部，夜间北部高于南部。由于山墙遮阴和墙上开门的影响，气温在东西方向上也不相同，一般近门端气温低于远离门的一端。

二、地温

日光温室内地温比室外显著提高。室内南北方向上的地温梯度明显，距后墙 3m 处为高温点，由此向南、向北地温梯度明显，但距离后墙 3～5m 处地温梯度不大，5～6m 处地温梯度剧增。东西方向上主要是近门附近，地温差异较大，局部可达 1～3℃。

主要原因是山墙遮阴、边际效应及在山墙上开门造成的。一天中，随深度不同，地温最高值和最低值出现时间也不同。5cm 处地温最高值出现在 13 时，深度每增加 5cm，最高地温出现时刻大致延后 2h。最低地温通常出现在刚揭草苫和纸被之后。8 时至 14 时为温室内地温上升时段，14 时至次日 8 时为地温下降时段。

三、温度调控

1.保温措施

我国北方冬季温室葡萄生产中，经常采取的保温措施如下。增加棚膜的通透性，采用透光率高的无滴膜（图 6-7），及时清除棚膜上的灰尘、积雪等；提高覆盖材料的保温性能；减少缝隙放热，如及时修补棚膜破洞、设作业间和缓冲带、密闭门窗等；采用多层覆盖，如设置两层幕、在温室内加设小拱棚（图6-8）等，采取临时加温，如利用热风炉（图6-9）、液化气罐、炭火；增强后墙、后坡和山墙的保温性（图6-10）等。

图 6-7   无滴棚膜

图 6-8   温室内小拱棚

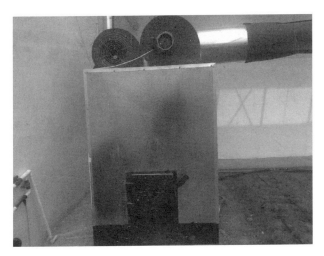

图 6-9 温室热风炉

图 6-10 温室山墙加保温层

2. 降温措施

常用的降温措施是自然放风降温，如将塑料薄膜扒缝放风，分放底脚风（图 6-11）、放腰风（图 6-12）和放顶风三种。以放顶风效果好，即扣棚膜时用两块棚膜，边缘处都黏合一条尼龙绳，重叠压紧，必要时可开闭放风，这样就在温室顶部预留一条可以开闭的通风带，可根据扒缝大小调整通风量。自然放风降温还可以采取筒状放风方式，即在前屋面的高处每 1.5～2.0m 开 1 个直径为 30～40cm 的圆形孔，然后黏合 1 个直径比开口稍大、长 50～60cm 的塑料筒，筒顶用环状铁丝圈固定，需要通风时用竹竿将筒口支起，形成烟囱状通风口，不用时将筒口扭起，这种放风方法在冬季生产中排湿降温效果较好。温室也可采取强制通风降温措施，如安装通风扇、后墙放风口（图 6-13）等。温室葡萄生产中，有人经常采用遮盖草苦的方法来进行降温，此种方法是错误的，因为遮盖草苦会直接影响葡萄的光合作用。因此，这种方法不可取。

图 6-11 温室放底脚风

图 6-12 温室放腰风

图 6-13 温室后墙放风口

四、各时期温度调控要求

1. 冬春揭帘升温催芽期温度及其调控

日光温室一般在1月上旬到2月上旬葡萄休眠期结束时开始揭帘升温较适宜。日光温室的升温主要通过揭盖草苦等覆盖物控制。一般在太阳出来后半小时揭帘,日落前1h左右盖帘,阴雪天不揭帘。在开始升温的前10天左右,应使室温缓慢上升,白天室温由10℃逐渐上升到15～20℃,夜间持在10～15℃,最低不低于5℃,地温要上升到10℃左右。升温后20天左右的催芽温度,白天由15～20℃逐渐升到25～28℃,夜间保持在15～20℃,地温稳定在20℃左右。升温催芽不能操之过急,要缓慢升温。由于开始升温时,室温上升较快,地温上升较慢,当室温骤然升高,常使冬芽提前萌发,而地温不能达到根系生长的要求,导致地上部和地下部生长不协调,发芽不整齐,花序发育不良,产量降低。此阶段温度控制的重点是白天注意升温,升温应缓慢进行,夜间注意保温,保证夜间温度维持在10℃以上。

2. 萌芽期到开花期的温度调控

从萌芽到开花前葡萄新梢生长速度较快,花序器官继续分化。在正常的室温条件下,从萌芽到开花需要40天左右。萌芽期温度白天室温控制在20～28℃,夜间保持15～18℃。开花期白天室温保持在20～25℃,最高不超过28℃,夜间保持在16～18℃。此期白天温度达到27℃时,应通风降温,使温度维持在25℃左右。萌芽期开花期温度高,从萌芽到开花的时间缩短,但易发生徒长,枝条细弱,花序分化差,花序小,影响产量;开花期温度过高,坐果率降低,落花落果严重,叶片易出现黄化脱落等现象。此期温度管理的重点是保证夜间的温度,控制白天的温度。晴天时白天注意通风降温,使温度不要超过28℃;阴天时在能保证温度的情况下,尽量进行放风降湿,防止植株徒长。

3. 果实膨大期温度调控

此期为营养生长与生殖生长同时进行。白天温度控制在 25~28℃，夜间保持在 16~20℃。本阶段太阳辐射增强，设施内温度较高，应注意通风降温，使室内温度不要超过 30℃。当外界气温稳定在 20℃左右时，温室的通风口晚上不用关闭；有利于通风换气，使葡萄增强抗性。

4. 果实着色至成熟期温度调控

本阶段为了促进果实糖分积累、浆果着色、促进果实成熟及增加树体养分积累，应人为加大设施内的昼夜温差。白天温度控制在 28~30℃，最高不要超过 32℃，夜间加大通风量，使夜间室温维持在 15℃左右，使昼夜温差达到 10~15℃。此期温度管理的重点是防止白天温度过高，尽量降低夜间温度，增大昼夜温差，促进果实着色、成熟，提高果实的含糖量。

第三节　湿度及其调控

【知识链接】　湿度计的使用

日光温室内的湿度调控主要是指根系生长的土壤湿度的调控和外界枝干所处的空气湿度的调控。葡萄土壤湿度过大时容易造成葡萄呼吸困难和无氧呼吸产生大量的乙醇使根系腐烂坏死，土壤缺水时影响葡萄果实的生长发育和植株的生长，土壤过度干旱常常使葡萄萎蔫死亡。葡萄空气湿度常常影响葡萄的授粉受精及病害的发生，高温高湿或低温高湿促进了病害的发生和蔓延。湿度调控同温度调控一样首先得知道湿度计的安装和使用。

生产实践中最常用的湿度计是干湿球湿度计，又叫干湿计。利用水蒸发要吸热降温，而蒸发的快慢（即降温的多少）是和当时空气的相对湿度有关这一原理制成的。其构造是用两支温度计，其一在球部用白纱布包好，将纱布另一端浸在水槽里，即由毛细作用使纱布经常保持潮湿，此即湿球；另一未用纱布包而露置于空气中的温度计，谓之干球。如果空气中水蒸气量没饱和，湿球的表面便不断地蒸发水汽，并吸取汽化热，因此湿球所表示的温度都比干球所示要低。空气越干燥（即湿度越低），蒸发越快，不断地吸取汽化热，使湿球所示的温度降低，而与干球间的差增大。相反，当空气中的水蒸气量呈饱和状态时，水便不再蒸发，也不吸取汽化热，湿球和干球所示的温度，即会相等。使用时，应将干湿计放置距地面 1.2～1.5m 的高处。读出干、湿两球所指示的温度差，由该湿度计所附的对照表就可查出当时空气的相对湿度。因为湿球所包之纱布水分蒸发的快慢，不仅和当时空气的相对湿度有关，还和空气的流通速度有关。所以干湿球温度计所附的对照表只适用于指定的风速，不能任意应用。例如，设干泡温度计所示的温度是 22℃，湿泡温度计所指示的是 16℃，两者的温度差是 6℃，可先在表中所示温度一行找到 22℃，又在温度一行找到 6℃，再把 22℃横向与 6℃竖行对齐，找到数值 54，它的意思就是相对湿度是 54％。

一、湿度变化

冬季生产中，设施内处于密闭状态下，空气湿度较大，白天多在 70％～80％以上，夜间更大，常保持在 90％～95％，形成了一个高湿的环境。白天室温升高，相对湿度下降，最小值一般出现在 14～15 时；夜间相对湿度较高，变化很小，最高值出现在揭开草苫之后的十几分钟内。

二、湿度调控

控制设施内湿度的措施主要有以下几点。

一是地面覆盖地膜（图 6-14），既可以控制土壤水分蒸发，又可以提高地温，是冬季温室葡萄生产必不可少的措施。

二是在注意保温的前提下，进行通风换气，可明显降低空气湿度。

三是在温度较低无法放风的情况下，采取加温降湿的方法。

图 6-14　温室葡萄覆膜

　　四是设施内灌水采用管道膜下灌水，可明显避免空气湿度过大；有条件的园地，采用除湿机来降低空气湿度，在设施内放置生石灰吸湿，也有在行间、株间放置或吊挂麦秸、稻草、活性白土等吸湿物，都有较好效果。

三、各时期湿度调控要求

　　设施内空气湿度的调控，要根据葡萄不同的生长发育阶段来进行。在催芽期，土壤要小水勤浇，使室内湿度控制在 85% 左右，以防止芽眼枯死；开花期室内空气湿度应控制在 65% 左右较好，有利于开花授粉受精，以提高坐果率；果实膨大至浆果着色期室内空气湿度应控制在 75% 左右；浆果成熟期，应控制在 55% 左右为最佳，以提高浆果可溶性固形物含量和耐储运性。如室内湿度不足时，用地面灌水、室内喷雾等方法增加湿度，以保证葡萄生长发育的需要；设施内湿度过高，应减少灌水，并覆盖地膜，这样既减少水分蒸发，又提高地温；还可以通过通风的方法，排出水蒸气，降低室内湿度，这也是最常用最有效的方法。设施内湿度较小，也能减少病虫害的发生。

四、湿度调控的措施

1. 灌水

土壤湿度调控的主要措施是浇水。当土壤干旱缺水时，要及时地灌水。灌完水后，如果空气中的湿度太大，要及时地松土，松土后有利于保墒和降低地表蒸发，从而可降低空气湿度。

2. 覆膜

在葡萄生长后期如果日光温室内湿度过大容易引起病害的发生和蔓延，特别是葡萄果穗病害的发生。覆膜是在地面上部分或者全部覆盖塑料薄膜，降低地表的水分蒸发。从而可降低空气湿度。相反，如果温室内湿度过低时可进行室内洒水或喷水，这在新定植的苗木上应用较多。

3. 调整通风口

当棚内湿度过大时可以在中午时候打开通风口进行湿度调节，当棚内的湿度较低时要减少通风口的开放时间和大小。

4. 修剪措施

当棚内枝叶过于密闭或者间作物过于高大时，常常造成棚内空气流动不畅，湿度增加，从而引起病害的发生。此时，应剪除部分枝条和清除行间的间作物，使棚内通风透气，促进室内外的空气流动和水分交换，从而降低温棚内湿度。

图 6-15　温湿度记录仪

【知识链接】　温湿度记录仪

温湿度记录仪是温湿度测量仪器中温湿度计中的一种（图 6-15）。其具有内置温湿度传感器或可连接外部温度传感器测量温度和湿度的功能。

① 内置电池，断电后可继续工

作 48h 以上（实测 60h）。

② 具有断电、通电报警功能。

③ 温度、湿度超限报警功能。

④ 报警功能：短信报警，振铃语音报警。

⑤ 设备自带就地声光报警功能。

⑥ 数据存储功能，30min 存储 1 次，可以连续存储 4 年。

⑦ 带 2 路继电器输出（常开），可任意关联报警事项。

⑧ 支持远程短信设置和查询设备参数。

⑨ 设备自带按键，方便维护人员就近按键操作。

⑩ 数据上传免费中性云平台，方便集中远程查看数据。

第四节　气体成分及其调控

在温室密闭状态下，对葡萄生长发育影响较大的气体主要是二氧化碳和有害气体。

一、二氧化碳

【知识链接】　GT-903-CO_2 泵吸式二氧化碳气检测仪

（1）产品描述　GT-903-CO_2 泵吸式二氧化碳气检测仪（图 6-16），适用于各种工业环境和特殊环境中的气体浓度检测，采用进口电化学/红外吸收气体传感器和微控制器技术，响应速度快，测量精度高，稳定性和重复性好，整机性能居国内领先水平，各项参数用户可自定义设置，操作简单。内置 4000mA 大容量聚合物可充电电池，超长待机；采用 2.4in（1in＝25.4mm）工业级彩屏，完美显示各项技术指标和气体浓度值，可在屏幕上查看历史数据，具有存储、数据导出、温湿度检测等功能。

（2）仪器特色

① 采用最新半导体纳米工艺超低功耗 32 位微处理器。

② 采用 2.4in 工业级彩屏，分辨率为 320×240。

③ 10^{-6}、%（v/v）、mg/m^3 三种浓度单位可自由切换。

图 6-16　二氧化碳气检测仪

④ 具有数据存储功能，可以存储数据 100000 组，可在屏幕上直观查看历史数据，可导出数据。

⑤ 具有温湿度检测功能，可检测现场或者管道内气体的温湿度值（选配）。

⑥ 各种模式可调整：检测模式、存储模式、显示模式、气泵模式。

⑦ 内置强力抽气泵，可在微负压环境下工作，合理的气室设计能保证传感器不受压力干扰。

⑧ 具有过压保护、过充保护、防静电干扰、防磁场干扰等功能。

⑨ 全软件自动校准、传感器多达 6 级目标点校准功能，保证测量的准确性和线性，并且具有数据恢复功能。

⑩ 全中文/英文操作菜单，简单实用。

⑪ 带温度补偿功能，仪器采用防尘，配有粉尘过滤器，可用于各种恶劣的场合。

1. 二氧化碳浓度变化

葡萄所需要的各种有机营养物质的基本原料是光合产物，而光合作用是有机营养物质产生的基础。这些有机营养物质中的碳都是通过光合作用由二氧化碳得来的。在自然条件下，大气中二氧化碳的含量通常为 0.03％，即为 300mg/L。这个数量的二氧化碳虽然能保证葡萄植株的正常生长发育，但若人工增施二氧化碳，会获得更高的产量。

温室葡萄栽培一般都是在低温季节进行，通风量较小，但由于施肥量大，其内部二氧化碳条件与外界有较大差别。一般说来，温室内是独立的二氧化碳环境，早晨揭开保温覆盖物时浓度最高，一般可达 1％～1.5％。白天随光合作用的进行，二氧化碳浓度逐渐下降，如不通风到上午 10 时左右达到最低，可达 0.01％，低于自然界大气中的二氧化碳浓度（0.03%），抑制了光合作用，造成葡萄"生理饥饿"，此时若不及时补充二氧化碳，合成物质就要减少，影响葡萄的正常生长发育。通风之后，外界二氧化碳进入棚室内，逐渐达到内外基本平衡状态。夜间，光合作用停止，但由于葡萄植物的呼吸作用和土壤中有机物分解，使棚室内二氧化碳浓度增加，日出前二氧化碳浓度明显高于外界。

2. 二氧化碳浓度的调控

设施内二氧化碳浓度的调控主要是指用人工方法来补充二氧化碳供应葡萄植物吸收，通常称为二氧化碳施肥。二氧化碳施肥在一些国家已经成为保护地葡萄生产的常规技术。二氧化碳施肥主要有以下几种途径。

一是通风换气。时间在 2 月前为 10~14 时，当温度达到 25℃时即开始通风换气，降至 22℃时关闭通风孔。注意每天间断通风换气 1~2 次，每次 30min，以后随着棚室内温度升高，换气时间也逐渐延长。

二是多施有机肥。据有关试验表明，1t 有机物最终能释放出1.5t 二氧化碳。

三是施用固体二氧化碳。一般于葡萄开花前 5 天左右，开深2cm 左右的条状沟施入固体二氧化碳，施入后覆土 1~2cm 厚。

四是利用二氧化碳发生仪。即采用稀硫酸和碳酸氢铵反应制造二氧化碳气体。

五是利用秸秆生物反应堆来产生二氧化碳。秸秆生物反应堆是使作物秸秆在微生物（纤维分解菌）的作用下发酵分解，产生二氧化碳、热量、抗病孢子、有机和无机肥料来提高作物抗病性、作物产量和品质的一项新技术。据测定，1kg 秸秆可以产生 1.1kg二氧化碳，使温室内二氧化碳的浓度提高到 900~1900mg/L，二氧化碳浓度提高 4~6 倍，光合效率提高 50% 以上。这是目前正在推广、效果较好的一种方法，施放二氧化碳应保持一定的连续性，间隔时间不宜超过 1 周。宜在晴天的上午施放，阴、雨雪天和温度低时不宜施放。

二、有毒气体的为害及预防

温室葡萄生产中如果管理技术不当，可发生多种有害气体，造成葡萄伤害。常见的有毒气体有氨气、亚硝酸气体、一氧化碳和亚硫酸气体等。具体症状及预防方法见表6-1。

表 6-1　主要有害气体为害症状及预防方法

项目 气体	来源	受害浓度 /（mg/L）	为害症状	预防方法
氨气	未经腐熟的农家肥、碳酸氢铵或撒施尿素	5	氨气从气孔侵入细胞。最先为害生命力旺盛的叶片叶缘，受害的组织先变褐色后变白色，严重时枯死	深施充分腐熟后的有机肥，不用或少用尿素。挥发性强的化肥作追肥，要适当深施。施肥后及时灌水，覆盖地膜可以防止有害气体释放，减轻危害。一旦发生气害，及时通风
亚硝酸气体	施用过量的氮素化肥	2	亚硝酸气体从气孔侵入叶内组织，中部叶片受害重，叶面气孔部分变白，随后除叶脉外，整个叶片被漂白、干枯。浓度过高，叶脉也可变白，全株枯死	除上述预防方法外，发现亚硝酸气体中毒时，还可以每亩施入100kg左右的石灰，提高土壤的pH值
一氧化碳与亚硫酸气体	燃料燃烧不完全或质量不好	3	植株叶缘与叶脉间的细胞死亡，发生小斑点或枯死，叶片失去光泽如水浸状，进一步褪色变成浅白色	采用火炉加温时要选用含硫低、易完全燃烧的燃料，炉子要燃烧充分，注意通风换气，经常检查烟道。采用木炭加温要在室外点燃后再放入棚室内

生产中可以用pH试纸来测定棚室内在早晨放风前棚膜上水滴的酸碱度，确定有害气体的种类。正常情况，棚膜上水滴为中性，当试纸呈碱性反应时，为氨气存在，当试纸呈酸性反应时，说明

硝酸气存在。

温室内有害气体的控制主要有五项措施。一是要科学施肥，少施化肥，尤其要少施尿素；施用时要少量多次；施用有机肥要经过充分腐熟，不用未经腐熟的有机肥。二是注意通风换气，通过通风换气排除设施内的有害气体。三是选用质量较好的薄膜，防止有害气体的挥发。四是在温室加温时，保证加温设备通畅不漏气，燃料充分燃烧。五是科学施用农药、化肥，不要随意加大使用浓度和数量。

第七章　温室葡萄周年管理技术

【知识链接】　葡萄对环境条件的要求

（1）温度　温度是葡萄最主要的生存条件之一。葡萄对低温的反应因种类和品种而异。在冬季休眠期间，欧亚种群品种的充实芽眼可忍受短时间—20～—18℃的低温，充分成熟的一年生枝可忍受短时间的—22℃的低温，多年生蔓在—20℃左右即受冻害。葡萄的根系更不耐低温，欧亚种群的龙眼、玫瑰香等品种的根系在—4℃时即受冻害，在—6℃时经2天左右即可冻死。欧美杂交种的一些品种如白香蕉、玫瑰露等的根系在—7～—6℃时受冻害，在—10～—9℃时可冻死。因此，在北方栽培葡萄时，要特别注意对枝蔓和根系的越冬保护工作。尽管有的地方冬季绝对低温并不低于—18℃，但实践证明埋土植株果枝多，把埋土越冬作为丰产措施之一。

春天，当地温上升到7℃以上时，大多数欧亚种群的葡萄品种树液开始流动，并进入伤流期。当日均温度达到10℃及以上时，欧亚种群的品种开始萌芽，因此把平均10℃称为葡萄的生物学有效温度起点。美洲种葡萄萌芽所需的温度略低些。葡萄的芽眼一旦萌动后，耐寒力即急剧下降，刚萌动的芽可忍受—4～—3℃的低温，嫩梢和幼叶在—1℃时即受冻害，而花序在0℃时受冻害。因此北方地区防晚霜危害也是栽培上的重要措施之一。

春季随着气温的逐渐提高，葡萄新梢迅速生长。当温度达到28～32℃时，最适宜新梢的生长和花芽的形成，这时新梢昼夜生长量可达6～10cm。气温达20℃左右时，欧亚种群葡萄即进入开花期。开花期间天气正常时，花期约持续5～8天，如遇到低温、阴雨、吹风等，气温低于14℃时不利于开花授粉，花期延长几天。葡萄果实成熟期间需要28～32℃的较高温度，适当干燥。阳光充足和昼夜温差大的综合环境条件，在这种条件下浆果成熟快，着色好，糖分积累多，品质可大为提高。相反，低温、多湿和阴雨天多，成熟期延迟，品质变差。

葡萄栽培中，常用有效积温作为引种和不同用途栽培的重要参考依据。如某地某品种是否有经济栽培价值，与该地日均温度等于或大于10℃以上的温度累积值有关。一般认为，极早熟品种需要积温2200～2500℃，早熟品种2500～2800℃，中熟品种2900～3100℃，晚熟品种3100～3400℃，极晚熟品种在3400℃以上。

（2）光照　葡萄是喜光植物，对光照非常敏感。光照不足时，节间变得纤细而长，花序梗细弱，花蕾黄而小，花器分化不良，落花、落果严重，冬芽分化不好，不能形成花芽。同时叶片薄、黄化，甚至早期脱落，枝梢不能充分成熟，养分积累少，植株容易遭受冻害或形成许多"瞎眼"，甚至全树死亡。所以，建园时应选择在光照良好的地方并注意改善架面的通风透光条件，正确决定株行距、架向，采用正确的整枝修剪技术等。

（3）水分　土壤和空气湿度过低过高都对葡萄生长发育不利。土壤干旱，会引起大量落花、落果及果粒小、果皮厚韧、含糖量低、含酸量高、着色不良等恶果，严重干旱时甚至使植株凋萎而死亡。浆果成熟期久旱突然灌水，常使某些品种发生裂果。

空气湿度适中，不宜过大，过大不利于授粉坐果，更为真菌病害的侵染创造条件。浆果成熟期如果土壤水分过大，会降低浆果的质量和运输能力。

（4）土壤　葡萄对土壤的适应性很强，除了极黏重的土壤、重盐碱土不适宜生长发育外，其余如沙土、沙壤土、壤土和轻黏土，甚至含有大量砂砾的壤土或半风化的成土母质上都可以栽培。但因葡萄根系需要较好的土壤通气条件，从优质葡萄产区来看，葡萄最喜土质肥沃疏松的壤土或砾质壤土。对沙土、黏土和盐碱地，需通过土壤改良，改善物理化学性状，并选用适当的品种，也可以建立葡萄园。

葡萄比苹果、梨、桃、杏等耐盐碱，可在土壤酸碱度 5～8 之间生长，在酸碱度 6～7 之间生长最好，酸碱度 8.5 以上易发生黄化病。土壤总盐量达 0.4%，氯化物含量达 0.2%，是生长的临界浓度，应进行洗盐排碱。

葡萄温室栽培由于生长期延长，温室内的温度高、湿度大，所以与露地相比，温室葡萄的年生长量明显加大，一般新梢年生长量可达 2m 甚至更长。由于葡萄喜光，但因为棚膜的覆盖，使温室内的光照强度明显低于露地条件，光照较弱，导致叶片变薄、颜色变浅，节间细长，下部容易出现光秃。因此，保护地栽培葡萄在选好温室类型的基础上，必须加强全年的栽培管理，保证新梢生长中庸健壮、树体负载合理，从而达到优质、高效的目的。

第一节　休眠期管理

一、环境调控

休眠期温度控制在 0～5℃之间，一般需要 1000～1200h 才能顺利通过自然休眠。休眠期温室葡萄不用下架埋土（图 7-1），为防止枝条过度失水影响正常生长发育，空气相对湿度应维持在 90% 左右，以保证枝条、芽眼不被抽干。在揭帘升温之前浇 1 次水，以保证土壤和空气湿度。同时应注意灰霉病的发生，可通过喷施杀菌剂或用烟雾剂来防治。此期葡萄对于光照、二氧化碳等其他生态环境因子则要求不高。

二、休眠期修剪

【知识链接】 休眠期修剪的基本技法

（1）短截 短截就是一年生枝剪去一段，留下一段的剪枝方法。短截可分为极短梢修剪（留1芽）、短梢修剪（留2～3芽）、中梢修剪（留4～6芽）、长梢修剪（留7～11芽）和极长梢修剪（留12芽以上）。

短截的作用，一是减少结果母枝上过多的芽眼，对剩下的芽眼有促进生长的作用；二是把优质芽眼留在合适部位，从而萌发出优良的结果枝或更新发育枝；三是根据整形和结果需要，可以调控新梢密度和结果部位。

长梢修剪的优点，一是能使一些基芽结实力差的品种获得丰收；二是可使结果部位分布面较广，特别适合宽顶单篱架；三是结合疏花疏果，长梢修剪可以使一些易形成小青粒、果穗松散的品种获得优质高产。

长梢修剪的缺点，一是对那些短梢修剪即可丰产的品种，若采用长梢修剪易造成结果过多；二是较结果部位容易出现外移；三是母枝选留要求严格，因为每一长梢，将负担很多产量，稍有不慎，可造成较大的损失。

短梢修剪与长梢修剪在某些地方的表现正好相反。在某一果园究竟采用什么修剪方式，取决于生产管理水平、栽培方式和栽培目的等多方面因素。

（2）疏剪 把整个枝蔓（包括一年和多年生枝蔓）从基部剪除的方法，称为疏剪。疏剪的主要作用如下。

① 疏去过密枝，改善光照条件和营养物质的分配。

② 疏去老弱枝，留下新壮枝，以保持生长优势。

③ 疏去过强的徒长枝，留下中庸健壮枝，以均衡树势。

④ 疏去病虫枝，防止病虫害的危害和蔓延。

（3）缩剪 把二年生以上的枝蔓剪去一段留一段的剪枝方法，称为缩剪。缩剪的主要作用如下。

① 更新转势，剪去前一段老枝，留下后面新枝，使其处于优势部位。

② 防止结果部位的扩大和外移。

③ 具有疏密枝、改善光照作用，如缩剪大枝尚有均衡树势的作用。

以上三种基本修剪方法，以短截方法应用得最多。

【知识链接】　休眠期修剪的步骤及注意事项

（1）修剪步骤　温室葡萄休眠期修剪步骤可用四字诀概括为一"看"、二"疏"、三"截"、四"查"。

看：即修剪前的调查分析。要看品种，看树形，看架式，看树势，看与邻株之间的关系，以便初步确定植株的负载能力，以大体确定修剪量的标准。

疏：指疏去病虫枝、细弱枝、枯枝、过密枝、需局部更新的衰弱主侧蔓以及无利用价值的萌蘖枝。

截：根据修剪量标准，确定适当的母枝留量，对一年生枝进行短截。

查：经过修剪后，检查一下是否有漏剪、错剪，因而叫作复查补剪。

总之，看是前提，做到心中有数，防止无目的动手就剪。疏是纲领，应根据看的结果疏出个轮廓。截是加工，决定每个枝条的留芽量。查是查错补漏，是结尾。

（2）修剪注意事项

① 剪截一年生枝时，剪口宜高出枝条节部 3～4cm，剪口向芽的对面略倾，以保证剪口芽正常萌发和生长。在节间较短的情况下，剪口可放至上部芽眼上。

② 疏枝时剪口、锯口不要太靠近母枝，以免伤口向里干枯而影响母枝养分的输导。

③ 去除老蔓时，锯口应削平，以利愈合。不同年份的修剪伤口，尽量留在主蔓的同一侧，避免造成对口伤。

1. 修剪时期

温室葡萄休眠期修剪一般在落叶后到温室升温前进行。东北地区进行促成栽培的葡萄可在落叶后进行修剪，一般为10月下旬至11月中旬。西北和华北地区一般11月中旬至12月上旬修剪。早期加温温室的葡萄由于休眠期修剪后即开始升温，不需要埋土防寒。而2月开始升温的日光温室，一般需要进行埋土防寒，以保护根系和防止枝芽抽干。

2. 修剪方法

温室葡萄的休眠期修剪在不同的栽植制度和架式下有不同的修剪特点。对于日光温室一年一栽制来说，由于不需要

图 7-1　休眠期温室葡萄

考虑栽植后1年的花芽分化、枝条成熟度的问题，修剪的根本目的就是确保栽培当年的优质和高产，因此应根据栽植密度、植株的生长势，在适宜负载量和保证品质的前提下，尽量多留果。具体方法是，对于生长健壮的葡萄植株，在落叶后将充分成熟的主蔓剪留1.5m左右，将上面着生的副梢从基部疏除。对于生长势较弱的植株，可以在成熟与不成熟交界处进行剪截。

多年一栽制葡萄修剪时应根据不同品种、不同树势、架式来确定适宜的修剪量。对结果母枝的休眠期修剪有极短梢修剪（留1芽）、短梢修剪（留2～3芽）、中梢修剪（留4～6芽）、长梢修剪（留7～11芽）和极长梢修剪（留12芽以上）。一般强旺枝可采用长梢修剪，以缓和生长势；中庸枝可采用中梢修剪；弱枝可进行短梢修剪（图7-2）。对于细弱、有病虫害或不成熟的枝蔓一律疏

图 7-2　温室葡萄休眠期修剪

除。对于无核白、康可等新梢基部 1～2 节花芽分化率低、花芽分化质量差的品种，一般进行中梢修剪，对于巨峰、京亚等新梢基部花芽分化率高的品种，可进行短梢修剪。中、长梢修剪时，采用双枝更新的修剪方法（图 7-3），短梢修剪时，采用单枝更新的修剪方法（图 7-4），即短梢结果母枝上发出 2～3 个新梢，在休眠期修剪时回缩到最下位的一个枝，并剪留 2～3 个芽作为下一年的结果母枝。修剪后温室葡萄见图 7-5。

图 7-3　双枝更新

图 7-4　单枝更新

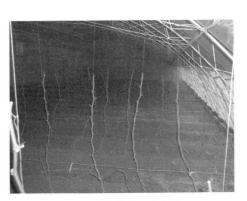

图 7-5　修剪后温室葡萄

三、灌溉

每年修剪完后、扣棚以前，要灌1次透水。灌溉时间以霜降前后为宜。灌溉之后稍晾几天就要准备盖棚上膜了。促早栽培在温室内一般不埋土防寒。

四、扣棚与升温

【知识链接】 果树的需冷量

落叶果树自然休眠需要在一定的低温条件下经过一段时间才能通过。生产上通常把打破落叶果树冬季自然休眠所需要的低温累积量，称为"果树需冷量"。一般用果树经历 0～7.2℃低温的累积时数来计算。葡萄的自然休眠期较长，欧美杂交种完全通过自然休眠一般需要 1200～1500h 的需冷量，欧亚种更长。如果在休眠期葡萄的需冷量不足，没有通过自然休眠，即使给予适宜生长发育的环境条件，葡萄也不能萌芽开花；有时即使萌芽，但往往存在萌芽不整齐、枝条生长比较弱、花序畸形、坐果率低、产量下降的现象（图7-6）。因此，

图7-6 温室葡萄芽萌发不齐

要减少和克服休眠不充分造成的伤害，必须要保证葡萄度过休眠所需要的需冷量。

1.扣棚升温

扣棚即扣塑料薄膜、盖草苫。葡萄冬芽一般于8月开始进入休眠，9月下旬到10月下旬休眠最深。为满足葡萄对需冷量的要求，

尽快解除休眠，从而正常萌芽生长，确定适宜的扣棚和升温时间至关重要。扣棚和升温时期应根据地区、品种和生产目的有所不同。由于葡萄不同品种通过自然休眠需要的需冷量不同，因此决定了不同品种在温室栽培时扣棚的时间也不同。据报道，金星无核、紫珍香需冷量为604h，巨峰、京亚为846h，森田尼无核为1086h，无核早红为1622h。需冷量是扣棚时间的首要依据，只有当葡萄满足其需冷量，通过自然休眠后扣棚，才有可能使葡萄在保护地条件下正常生长发育。

为使保护地栽培的葡萄迅速通过自然休眠，对于促成栽培类型，生产实践中一般采用"人工低温暗光促眠技术"来促进葡萄休眠，满足其需冷量要求后，提早升温，果实提早上市。方法是，在早霜到来前10天左右将温室的前屋面覆盖塑料薄膜，然后在薄膜上面再覆盖草苫，使棚室内白天不见光，降低棚内温度，并于夜间打开通风口和前底脚覆盖物，尽可能创造 $0\sim7.2℃$ 的低温环境，尽早满足休眠的需冷量要求。在辽宁省熊岳地区，一般在10月下旬至11月上旬扣棚。越往北，落叶的时间越早，解除休眠的时间越早，可以覆膜的时间也越早。当外界日平均气温稳定在 $-7\sim-5.1℃$ 时开始揭帘升温，辽宁省熊岳地区一般在12月下旬至1月上旬。塑料大棚的升温时间因各地气候条件而异，在辽宁南部地区一般是在外界日平均气温为5℃时，即2月下旬至3月中旬，葡萄扣棚、出土、升温。不同地区、不同设施的升温时间可参考表7-1。

表7-1　不同地区、不同设施的升量时期

地区	设施类型	升温时期
东北	加温温室	11月底至翌年2月
	日光温室	1月上旬至翌年3月上旬
华北、西北	日光温室	12月中旬至翌年2月

2. 打破休眠

扣棚后，如果使葡萄长期处在一个低温黑暗的环境中，会对其生长发育产生一定的负面效应，因此如何在葡萄自然休眠未结束前，通过人工的方法来打破葡萄休眠，使葡萄提前萌芽开花成为人们最为关心的问题。目前生产上应用比较成功的是用石灰氮和单氰胺打破葡萄休眠。

（1）石灰氮（$CaCN_2$）　学名为氰氮化钙。由于含有很多的石灰，又叫石灰氮。石灰氮是黑色粉末，带有大蒜的气味，质地细而轻，吸湿性很大，易吸潮发生水解作用，并且体积增大。石灰氮含氮 $20\%\sim22\%$，在农业上可用作碱性肥料，可以当基肥使用，也可以用作食用菌栽培基质的化学添加剂，补充氮源和钙素。

通常在自然休眠结束前 $15\sim20$ 天使用石灰氮。如我国南方保护地葡萄产区，一般在 12 月中旬处理效果最好，而 1 月处理的效果较差。葡萄经石灰氮处理后，可比未处理的提前 $15\sim20$ 天发芽，提早开花 15 天左右，提早成熟 10 天左右。石灰氮处理前应完成休眠期修剪，且剪口应呈干燥状态，同时土壤应灌 1 次水，以增加湿度。

石灰氮的使用浓度以 20% 为好，超过 20% 时易发生药害。使用方法有两种，一是调成糊状进行涂芽，即每千克石灰氮，用 $40\sim50℃$ 的温热水 5L 放入塑料桶或盆中，不停地搅拌，大约经 $1\sim2h$，使其均匀成糊状，防止结块；二是经过清水浸泡后取高浓度的上清液进行喷施，即称取 1kg 石灰氮，加入 5L 的温水，不断搅拌，勿使其凝结，沉淀 $2\sim3h$ 后，用纱布过滤出上清液应用即可。施用时可用旧毛笔涂抹葡萄的冬芽，涂抹时注意一年一栽制和一年一更新制的结果母枝，距地面 30cm 以内的芽和顶端最上部的两个芽不能涂抹，其间的芽也要隔一个涂抹一个，以免造成过多的芽萌发消耗营养和顶部两个芽萌发后生长过旺，也可以喷施（图 7-7 和图 7-8）。涂抹后可以将葡萄枝蔓顺行放到地面，盖塑料薄膜保湿，然后逐渐升温。切忌急速高温催芽，以免新梢徒长、花序变小、落花和落果严重。

石灰氮有毒，使用时应小心，避免药液同皮肤直接接触，由于其具有较强的醇溶性，所以注意在使用前后 1 天内不能饮酒。

图 7-7　抹破眠剂

图 7-8　喷破眠剂

（2）单氰胺（CN₂H₂）　一般认为单氰胺对葡萄的破眠效果比石灰氮更好。单氰胺的使用时期一般应在葡萄需冷量得到部分满足（2/3 的需冷量得到满足）之后。单氰胺打破葡萄休眠的有效浓度因处理时期和品种而异，一般情况下是 $2.0\%\sim5.0\%$。如孙培琪等利用单氰胺打破日光温室玫瑰香葡萄休眠时发现，2.5% 单氰胺打破玫瑰香葡萄休眠效果最好，可以提早萌芽 15 天，果实成熟期提前 19 天，休眠解除时间提前 6 天。配制单氰胺时需要加入非离子型表面活性剂（一般按 $0.2\%\sim0.4\%$ 的比例）。一般情况下，单氰胺不与其他农用药剂混用。使用时，为降低使用危险性，且提高使用效果，单氰胺处理一般应选择晴天进行，气温以 $10\sim20℃$ 之间最佳，气温低于 6℃ 时应取消处理。

【提示板】

单氰胺破眠剂使用方法及注意事项如下。

① 本品对眼睛和皮肤有刺激作用，直接接触后，会引起过敏，表层细胞层脱去（脱皮）。误饮，会损伤呼吸系统。如发生上述症状，请立即到医院就诊。

② 使用时必须穿防护衣和防护眼罩，注意不要使皮肤直接接触。

③ 使用时不能吃东西、喝饮料和吸烟。操作前后 24h 内严禁

饮酒或食用含酒精的食品。

④ 操作后用清水洗眼、漱口，并用肥皂仔细清洗脸、手等易暴露部位，清洗防护用品。

⑤ 本产品能使绿叶枯萎，使用时避免喷洒到相邻正在生长的作物上。

⑥ 在有晚霜的地区，使用时注意晚霜，避免作物过早发芽而受到晚霜危害。

⑦ 不得与其他叶肥、农药混用。

⑧ 施用时请严格施用时期和倍数，由于核果类果树为纯花芽，鳞片的保护能力差，喷药时如果施用浓度不当，可能会出现药害，但甜樱桃表现较强的抗药性，这可能与外围鳞片对花原基的保护性较强有关。

⑨ 本品要求存储在 20℃ 之下，不得于酸碱混储。防止阳光直射。

五、病虫害防治

重点是预防霜霉病、褐斑病，保护好叶片。在芽已膨大但尚未萌发时，使用 3～5°Bé 石硫合剂喷洒全株枝蔓，铲除越冬病菌和害虫。

【知识链接】 石硫合剂配制及使用

（1）选料 石硫合剂原液质量的好坏，取决于所用原料生石灰和硫黄粉的质量。应选质轻、白色、块状生石灰（含杂质多、已风化的消石灰不能用），硫黄粉越细越好；熬制最好用铁锅，不能用铜、铝器皿；不能用含铁锈的水来溶解或配制。

（2）熬制方法 比例为生石灰：硫黄粉：水＝1：2：10，先把足量水放入铁锅中加热，放入生石灰化开，煮沸，然后把事先用少量水调成浆糊状硫黄粉慢慢倒入石灰乳中，同时迅速搅拌，记下水位线。大火煮沸 45～60min 的同时不断搅拌，在此期间，应随时用开水补足因加热煮沸而蒸发的水量。等药液变成红褐色，锅底的渣滓变成黄绿色时即停火冷却。冷却后用棕片或纱布滤去渣滓，就得到红褐色透明的石硫合剂原液。为了避免在熬制过程不断加水的麻烦，可按生石灰：硫黄粉：水＝1：2：15或1：2：13的比例进行熬制。

（3）使用方法　使用浓度要根据植物种类、病虫害对象、气候条件、使用时期不同而定，浓度过大或温度过高易产生药害。

①稀释。根据所需使用的浓度，计算出加水量加水稀释。每千克石硫合剂原液稀释到目的浓度需加水量（kg）＝原液浓度÷目的浓度－1。多数情况下为喷雾使用。

②其他使用方法。除喷雾使用法外，石硫合剂也可用于树木枝干涂干、伤口处理或作为涂白剂，上述用途的施用浓度一般是把原液稀释2～3倍。如在树木修剪后（休眠期），枝干涂刷稀释3倍的石硫合剂原液可有效防治多种介壳虫的危害；用石硫合剂原液涂刷消毒刮治的伤口，可防止有害病菌的侵染，减少腐烂病、溃疡病的发生；熬制石硫合剂剩余的残渣可以配制为保护树干的白涂剂，能防止日灼和冻害，兼有杀菌、治虫等作用，配置比例为生石灰：石硫合剂（残渣）：水＝5：0.5：20，或生石灰：石硫合剂（残渣）：食盐：动物油：水＝5：0.5：0.5：1：20。

（4）注意事项

①熬制时用铁锅或陶器，不能用铜锅或铝锅；火力要均匀，使药液保持沸腾而不外溢。石硫合剂易与空气和水反应而失效，最好随配随用，短期暂时存放必须用小口容器陶器或塑料桶进行密封储存。不能用铜、铝器具盛装，如果在液面滴加少许煤油，使之与空气隔绝，可延长储藏期药液表面结硬壳，底部有沉淀，说明储藏不当。

②石硫合剂呈强碱性，不可与有机磷、波尔多液及其他忌碱农药混用，使用两类农药相隔时间要在10～15天以上，否则，酸碱中和，会使药效大大降低或失效。

③有的树木对硫黄及硫化物比较敏感，盲目使用易产生药害，如桃、李、梅、梨、葡萄等果树生长期都不宜使用。

④ 使用浓度要根据气候条件及防治对象来确定，并要根据天气情况灵活掌握使用。阳光强烈，温度高，天气严重干旱时使用浓度要低，气温高于32℃或低于4℃时，不得在果树上喷施。在喷洒石硫合剂后，出现高温干旱天气，应浇灌1次水，以避免药害，防止出现黄叶、落叶、烧叶现象。

⑤ 因该品对人的眼睛、鼻黏膜、皮肤有刺激和腐蚀性，因此，果农朋友在熬制和施用时注意皮肤或衣服勿沾染原液，喷雾器用完后都要及时用水清洗。

第二节　催芽期管理

一、环境调控

揭帘升温的第1周要实行低温管理，白天温度由10℃逐渐升至20℃，夜间由5℃升至10℃（此后逐渐升高温室温度直至芽萌动为止）。第2周白天温度保持在20～25℃，夜间保持在10～15℃。第3周以后，白天保持在25～28℃，夜间保持在15～20℃。如催芽期温度急剧上升，会导致萌芽初期生长不整齐。

升温催芽后，灌1次透水，结合灌水还可追1次速效肥，使萌芽整齐、苗壮。增加土壤和空气湿度，使相对湿度保持在80%～90%，以保证萌芽整齐。温室采光条件好时，能有效地积蓄热量，全面提高温度促进萌芽，因此要保持棚膜干净，并铺地膜提高地温（图7-9）。由于这时葡萄尚未萌芽，因此对二氧化碳要求不严格。

二、其他管理

此时营养条件好，花序原始体可继续分化第二、第三花轴和花蕾。如果营养条件不良（包括外界中的低温和干旱），花序原始体只能发育成带有卷须的小花序，甚至会使已形成的花序原始体萎缩消失，严重影响到当年葡萄产量和质量。

图 7-9　温室葡萄催芽期覆盖地膜

1.施催芽肥

在萌芽前芽膨大期施肥，此时葡萄花芽尚在继续分化，及时补充养分，可以促进葡萄的花芽进一步分化，并为萌芽、展叶、抽枝等生长活动提供营养，追肥以氮肥为主，用量为全年追肥量的 10％～15％。

巨峰系列进入结果期后的第 1～5 年，地力条件好，不需施肥，否则增加落花落果。定植后的第 1 年和结果期在 6 年以上的葡萄树，落叶时间早，枝条灰白色或灰褐色，地力下降，需要补充肥料。通常每 $667m^2$ 施人畜粪 2.0t 加尿素 5～10kg 加硼砂 2kg 或 45％硫酸钾复合肥 20～25kg 加硼砂 2kg。红地球、秋红、无核白鸡心、夕阳红、金星无核、藤稔等坐果率高的品种，必须每年追肥，对提高产量、品质效果较好。适量补充肥料，有利于枝蔓的健壮生长。施肥过多，则会因花序枝蔓生长过旺，易导致花前落蕾、受精不良，加重落花、落果和增加不受精的小粒果，严重影响产量和品质。

2.水分管理

萌芽前后土壤中如有充分的水分，可使萌芽整齐一致。此期灌水更为重要，使土壤湿度保持在田间持水量的 65％～75％。此次灌水需根据具体情况而定。一般土壤不干旱可不灌水，以免灌水后降低土温，影响根系生长。适宜的灌水量应在一次灌溉中使葡萄根群分布最多的土层，达到田间持水量60%以上。葡萄根群分布的深浅与土壤性质和栽培技术密切相关，也与树龄相关。通常挖深沟栽植的成龄葡萄根系集中分布在离地表的20～60cm，所以灌水应浸湿0.6～0.8m以上的土壤。

【知识链接】 葡萄每年可以施肥几次？在什么时间施肥？施什么肥？

葡萄施肥分为基肥（休眠期施）、花前肥、花后肥、壮果肥。一般在秋季是最好的。从采摘后到土壤封冻前都可以，这个叫基肥，用于葡萄秋冬的孕育新枝。

这之后还要在不同的生长期进行追肥。

第1次追肥在早春芽开始膨大时进行。这时花芽正继续分化，新梢即将开始旺盛生长，需要大量氮素养分，可以农家肥（就是发酵好的人畜粪便）或尿素，施用量占全年用肥量的10%～15%。

第2次追肥在谢花后葡萄果实刚开始膨大的时候，以氮肥为主，结合施磷、钾肥。这次追肥不但能促进幼果膨大，而且有利于花芽分化。这一阶段是葡萄生长的旺盛期，也是决定第2年产量的关键时期，称"水肥临界期"，必须抓好葡萄园的水肥管理，这一时期追肥以施腐熟的人粪尿或尿素、草木灰等速效肥为主，施肥量占全年施肥总量的20%～30%。

第3次施肥在果实开始变颜色的时候，以磷、钾肥为主，施肥量占全年用肥量的10%左右。

第三节 萌芽、新梢生长期管理

一、环境调控

随着芽的萌发和新梢生长，花序进一步分化，为保证花芽分化的正常进行，控制新梢徒长，白天温度控制在 25～28℃，萌芽后最低温度维持在 10℃，空气相对湿度逐步降低至 60%，以防止湿度过大引起病虫害。如果温度、湿度过高，会促使新梢徒长，影响花序各器官的分化质量，进而影响果实发育。展叶后叶片逐步开始进行光合作用，因此，此期间对光照和二氧化碳的要求逐步提高。

二、修剪

【知识链接】 葡萄芽和枝

（1）芽的类型与特点 葡萄枝梢上的芽，实际上是新枝的茎、叶、花过渡性器官，着生于叶腋中。根据分化的时间分为冬芽和夏芽，这两类芽在外部形态和特性上具有不同的特点。

① 冬芽。冬芽是着生在结果母枝各节上的芽，体形比夏芽大，外被鳞片，鳞片上着生茸毛。冬芽具有晚熟性，一般都经过越冬后，翌年春萌发生长，习惯称越冬芽或冬芽（图 7-10）。从冬芽的解剖结构看，良好的冬芽，内包含 3～8 个新梢原始芽，位于中心的一个最发达，称为"主芽"，其余四周的称副芽（预备芽）。在一般情况下，只有主芽萌发，当主芽受伤或者在修剪的刺激下，副芽也能萌发副梢，有的在一个冬芽内 2 个或 3 个副芽同时萌发，形成"双生枝"或"三生枝"（图 7-11 和图 7-12）。在生产上为调节储藏养分，应及时将副芽萌发的枝抹掉，保证主芽生长。

图 7-10　葡萄冬芽

冬芽在越冬后，不一定每个芽都能在第2年萌发，其中不萌发者则呈休眠状态，尤其是一些枝蔓基部的芽常不萌发，随着枝蔓逐年增粗，潜伏于表皮组织之间，成为潜伏芽，又称"隐芽"。当枝蔓受伤，或内部营养物质突然增长时，潜伏芽便能随之萌发，成为新梢（图7-13）。由于主干或主蔓上的潜伏芽抽生成新梢，往往带有徒长性，在生产上可以用作更新树冠。葡萄隐芽的寿命很长，因此葡萄恢复再生能力也很强。

图 7-11　冬芽萌发双生芽

图 7-12　冬芽萌发三生芽

　　② 夏芽。夏芽着生在新梢叶腋内冬芽的旁边，是无鳞片的"裸芽"（图7-14），不能越冬。夏芽具早熟性，不需休眠，在当年夏季自然萌发成新梢，通称副梢（图7-15）。有些品种如玫瑰香、巨峰、白香蕉等的夏芽副梢结实力较强，在气候适宜、生长期较长的地区，还可以2次或3次结果，借以补充一次果的不足和延长葡萄的供应期。

图 7-13　地上部死亡，基部萌发

　　夏芽抽生的副梢同主梢一样，每节都能形成冬芽和夏芽，副梢上的夏芽也同样能萌发成2次副梢，2次副梢上又能抽生3次副梢。这就是葡萄枝梢具有一年多次生长多次结果的原因。

图 7-14　葡萄夏芽

图 7-15　葡萄夏芽萌发副梢

（2）枝蔓的类型与特点　把植株从地面长出的枝叫主干，主干上的分枝叫主蔓。如果植株没有主干，从地面即长出几个枝，习惯上只称主蔓，属无主整形类型。从生长年限上也称一年生、二年生和多年生枝蔓。栽培上应着重区分以下 3 种。

① 主梢。葡萄的新梢泛指当年长出的带叶枝条，其中由冬芽长出的新梢称主梢。卷须是攀缘植物的一种细长无叶的缠绕器官。

② 副梢。由夏芽萌发而成，比主梢更细弱，节间短。副梢摘心可得到 2 次或 3 次副梢的生长。葡萄嫩梢的色泽和茸毛是鉴定品种的主要性状之一。

图 7-16　一年生枝

③ 一年生枝。新梢成熟落叶后称一年生枝（图 7-16）。成熟的一年生枝呈褐色，有棱带条纹，横截面扁圆或圆形，弯曲时表皮呈条状剥落，这些性状也是鉴别品种的主要依据。有花芽能生长结果枝的一年生枝称为结果母枝，是植株生长结果的主要基础。

此外，葡萄有徒长枝，萌蘖枝之别。前者多由潜伏芽长出，而后者指植株基部及根际处生长的枝条。这些枝条能更新衰老的枝蔓和树冠，但一般对结果不利。

1. 抹芽与定梢

在芽已萌动但尚未展叶时，对萌芽进行选择去留即为抹芽。当新梢长到 15～20cm 时，已能辨别出有无花序时，对新梢进行选择去留称为定梢。

抹芽和定梢是进一步调整冬季修剪量于一个合理的水平上，也是决定果实品质和产量的一项重要作业。因为通常葡萄休眠期修剪量都很大，容易刺激枝蔓上的芽眼萌发，从而产生较多的新梢，新梢过密使树体通风透光较差。同时分散树体营养，影响新梢生长，从而造成坐果率低下和降低果实品质。通过抹芽和定梢可以调节树体内的营养状况和新梢生长方向，使营养更加集中，以促进新梢的生长和花序发育。对巨峰葡萄抹芽的试验表明，当早春抹芽程度为 50％时，后期新梢的生长长度为 80cm 以上，而未抹芽的处理，新梢生长长度约为 50cm，说明通过萌芽期的抹芽可以显著促进新梢生长。另外，通过抹芽和定梢减少了不必要的枝梢，使架面上的新梢分布合理，改善树体通风透光条件，从而提高坐果率和果实品质。

（1）抹芽　一般分 2 次进行。第 1 次抹芽在萌芽初期进行（图 7-17），此次抹芽主要将主干、主蔓基部的萌芽和已经决定不留梢部

图 7-17　温室葡萄萌芽

位的芽以及双生芽（图7-18～图7-20）、三生芽（图7-21～图7-23）中的副芽抹去。注意要留健壮大芽，并且遵循稀处多留、密处少留、弱芽不留的原则。第2次抹芽在第1次抹芽后10天左右进行。此时基本能清楚地看出萌芽的整齐度。对萌芽较晚的弱芽、无生长空间的夹枝芽、靠近母枝基部的瘦弱芽、部位不当的不定芽等根据空间的大小和需枝的情况进行抹除。抹芽后要保证树体的通风透光性。

图 7-18　双生芽抹芽前

图 7-19　双生芽抹芽

图 7-20　双生芽抹芽后

图 7-21　三生芽抹芽前

图 7-22　三生芽抹芽

图 7-23　三生芽抹芽后

（2）定梢　可以决定植株的枝梢布局、果枝比和产量，使架面上达到合理的留枝密度。定梢一般在展叶后 20 天左右开始。此时新梢长至 $10\sim20cm$，可选留带有花序的粗壮新梢，除去过密枝和弱枝，同时注意留下的新梢生长要基本整齐一致（图 7-24～图 7-26）。

图 7-24　定梢前

图 7-25　定梢

图 7-26　定梢后

留枝多少除了考虑修剪因素外，一般应根据新梢在架面上的密度来确定留枝量。定梢量一般是母蔓上每隔 $10\sim15cm$ 留一新梢。棚架每平方米架面留 $10\sim15$ 个新梢。篱架架面（V 形、Y 形）每平方米留 $10\sim12$ 个新梢。整体结果枝与发育枝的比例为 1：2。坐果率高、果穗大的品种，一般每 $667m^2$ 留 $4000\sim5000$ 条新梢。巨峰品种，因落花、落果严重，稳定树势尤为重要，一般花前每 $667m^2$ 保留约 8000 条新梢，待坐稳果后结合疏果，使 $667m^2$ 留 6000 条左右的新梢。对于篱架，枝条平行引缚时，则单臂架上的枝距为 $6\sim10cm$，双篱架上的枝距为 $10\sim15cm$。而新梢下垂管理方式，其留枝密度尚可适当加大。

在规定留梢量的前提下，按照"五留"和"五不留"进行留与合的选择，即留早不留晚（指留下早萌发的壮芽）、留肥不留瘦（指留下胖芽和粗壮新梢）、留花不留空（指留下有花序的新梢）、留下不留上（指留下靠近母枝基部新梢）、留顺不留夹（指留下有生长空间的新梢）。

设施内温度高、湿度大、通风差、光照不足，易造成枝梢徒长，当能够确认有无果穗时，即可进行疏梢。篱架管理的葡萄，距地面50cm以内不留新梢，应及时抹除。主蔓上每20cm左右留1个结果新梢，一个主蔓留5～6个结果新梢，即每株树留5～6个结果新梢，树势强健的可适当多留结果新梢，以缓和生长势。棚架管理的葡萄，水平架面主蔓上每20～25cm留1个结果新梢，即每平方米架面留8～10个结果新梢。弱树早抹芽早定枝，强树适当晚抹芽晚定枝，通过疏梢定枝调整树势，在开花前将新梢长度控制在40～50cm为宜。

2. 引缚和除卷须

篱架管理的葡萄，当新梢长至30～40cm时，及时将新梢均匀地向上引缚在架面上，避免新梢交叉，双篱架叶幕呈"V"形，保证通风透光，立体结果。棚架管理的葡萄将一部分新梢引向有空间的部位，一部分新梢直立生长，保证结果新梢均匀布满架面（图7-27和图7-28）。新梢上发生的卷须（图7-29）要及时摘除，便于管理和节省营养。

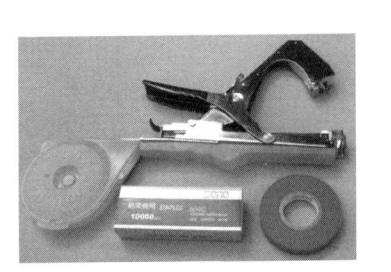

图 7-27　绑蔓器

图 7-29　葡萄卷须

图 7-28　葡萄绑蔓状

3. 摘心

葡萄结果枝在开花前后生长迅速，势必消耗大量营养，影响花器的进一步分化和花蕾的生长，加剧落花落果。通过摘心暂时抑制顶端生长而促进养分较多地进入花序，从而促进花序发育，提高坐果率。

营养枝和主、侧枝延长枝的摘心，主要是控制生长长度，促进花芽分化，增加枝蔓粗度，加速木质化。

（1）结果枝摘心　有花序的新梢称为结果枝（图7-30）。根据摘心的作用和目的，结果枝摘心最适宜的时间是开花前3～5天或初花期。摘去小于正常叶片1/3大的幼叶嫩梢（图7-31～图7-33）。也可以进行2次摘心，第1次于花前10多天在花序前留2片叶摘心，对促进花序发育、花器官进一步完善和充实，具有明显作用；第2次于初花期对前端副梢进行控制，留1叶或抹除，使营养生长暂时停顿，把养分集中供给花序坐果，对提高坐果率具有明显效果。

图7-30　结果枝

图7-31　结果枝摘心前

图7-32　结果枝摘心

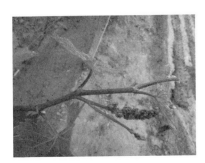

图 7-33　结果枝摘心后

在花前摘心时，一般巨峰葡萄结果新梢摘心操作标准是，强壮新梢在第一花序以上留 5 片叶摘心，中庸新梢在 4 片叶摘心，细弱新梢疏除花序以后，暂时不摘心，可按营养新梢标准摘心。但是，并不是所有品种葡萄结果新梢都需在开花前摘心的，凡坐果率很高的如黑汗、康太等，花前可以不摘心；凡坐果率尚好、通常果穗紧凑的如藤稔、金星无核、红地球、秋虹、无核白鸡心等，花前也可不摘心或轻摘心。

（2）营养枝摘心　没有花序的新梢称为营养枝（图 7-34）。在不同的地区气候条件各异，其摘心标准不同。生长期少于 150 天的地区，8～10 片叶时即可摘去嫩尖 1～2 片小叶。生长期 150～180 天的地区，15 片叶左右时摘去嫩尖 1～2 片小叶；如果营养梢生长很强，单以主梢摘心难以控制生长时，可提前摘心培养副梢结果母枝。生长期大于 180 天的地区，可视情况分下列几种摘心方法。

① 生长期长的干旱少雨地区，主梢在架面有较大空间的，营养蔓可适当长留，待生长到约 20 片叶时摘心；相反，如果主梢生长空间小，营养蔓可短留，生长到 15～17 片叶时摘心；如果营养蔓生长势很强，也可提前摘心培养副梢结果母蔓。

② 生长期长的多雨地区，主梢生长纤细的于 8～10 片叶时摘心（图 7-35），以促进主梢加粗；主蔓生长势中庸健壮的于 80～100cm 时摘心；主蔓生长势很强，可采用培养副梢结果母蔓的方法分次摘心。第 1 次于主梢 8～10 片叶时留 5～6 片叶摘心，促使副梢萌发，当顶端的第 1 次副梢长出 7～8 片叶时摘心；以后产生的第 2 次副梢，只保留顶端的 1 个副梢于 4～5 片叶时留 3～4 片叶摘心，其余的 2 次副梢从基部抹除，以后再发生的 3 次副梢依此处理。

图 7-34　营养枝

图 7-35　营养枝摘心后

（3）主、侧蔓上的延长蔓摘心　位于主、侧蔓最前端的枝称为延长蔓（图 7-36），对于扩大树冠的主、侧蔓上的延长蔓，摘心标准如下。

① 延长蔓生长较弱的，最好选下部较强壮的主梢换头，对非用它领头不可的，于 10～12 片叶摘心，促进加粗生长。

② 延长蔓生长中庸健壮的，可根据当年预计的冬季修剪剪留长度和生长期的长短适当推

图 7-36　延长蔓

迟摘心时间。生长期较短的北方地区，应在 8 月上、中旬以前摘心；生长期较长的南方地区，可在 9 月上、中旬摘心，使延长蔓能充分成熟。

③ 延长蔓生长强旺的，可提前摘心，分散营养，避免徒长，

摘心后发出的副梢，选最顶端1个副梢作延长蔓继续延伸，按前述中庸枝处理，其余副梢作结果母枝培养。

4. 副梢的处理

【知识链接】 副梢及利用

副梢是葡萄植株的重要组成部分，处理得当可以加速树体的生长和整形，增补主梢叶片不足，增强树势或缓和树势，提高光合效率，还可以利用其结二次果或生长压条苗；相反，处理不当使架面郁闭，增加树体营养的无效消耗，影响架面通风透光，不利于生长和结果，乃至降低浆果品质。因此，应根据副梢所处位置、生长空间和生长势等合理利用。

（1）利用副梢加速整形　当年定植苗只抽生1个新梢，但整形要求需培养2个以上主蔓时，可在新梢生长4～6叶时及早摘心（图7-37和图7-38），促发副梢，按整形要求选出副梢培养主蔓。当主蔓延长蔓损伤后，可利用顶端发出的副梢作延长蔓继续延伸生长。

（2）利用副梢培养结果母枝　生长势强旺品种，其新梢容易徒长，冬芽分化不良，扁平，第2年不易抽生结果蔓，而冬芽旁边的夏芽，当年抽生的副梢，往往生长势中庸健壮。其上的冬芽花芽分化良好、饱满，可作结果母枝。因此，对生长旺盛的品种，可利用上述特性采取提前摘心和分次摘心的方法，培养副梢结果母枝。

图 7-37　副梢摘心

图 7-38　副梢摘心后

（3）利用副梢结二次果　某些早、中熟品种的副梢结实率很高，二次果的品质也好，且能充分成熟的地区，可按一次果的培养方法利用副梢结二次果，如京优品种的二次果，坐果率好，穗大粒大，品质优。利用副梢结二次果，拓宽市场供应，增加收益，可充分发挥品种生产潜力。

（4）利用副梢压条繁殖　在生长期超过180天的地区，对生长势较强、易发副梢的品种（如巨峰、京亚、京优等），可在6月中、下旬，当副梢已抽生长达15cm以上时，将植株基部的新梢或连同母枝一起，挖浅沟压入地表，随着副梢的生长，逐渐培土，促进主梢节位和副梢基部生根，即可培养成副梢压条苗木。

（1）结果枝上的副梢处理　结果枝上的副梢有两个作用，一是利用它补充结果蔓上叶片之不足，二是利用它结二次果，除此之外，其副梢必须及时处理，以减少树体营养的无效消耗，防止与果穗争夺养分和水分。一般采用两种方法处理。

习惯法：顶端1～2个副梢留3～4片叶反复摘心，果穗以下副梢从基部抹除，其余副梢"留1叶绝后摘心"。此方法适于幼龄结果树，多留副梢叶片，既保证初结果期树早期丰产，又促进树冠不断扩展和树体丰满。

省工法：顶端1～2个副梢留4～6叶摘心，其余副梢从基部抹除，顶端产生的二次、三次等副梢，始终只保留顶端1个副梢留2～3叶反复摘心，其他二次、三次等副梢从基部抹除。此方法适于成龄结果树，少留副梢叶片，减少叶幕层厚度，让架面能透进微光，使架下果穗和叶片能见光，减少黄叶，促进葡萄着色。

（2）营养蔓上的副梢处理　营养蔓上的副梢可利用它培养结果母枝和结二次果、压条繁殖。因此，可按结果枝上副梢处理的省工法进行处理。

（3）主、侧蔓上延长蔓的副梢处理　主、侧蔓延长蔓上的副梢，除生长势很强旺的可利用它培养副梢结果母枝外，一般都不留或尽量少留副梢，也不再利用副梢结果。所以，延长蔓的副梢通常都从基部抹除，当延长蔓摘心后萌发的副梢，也只保留最顶端的 1 个副梢继续延长。

三、花果管理

疏花序和花序整形是调整葡萄产量、达到植株合理负载量的重要手段，也是提高葡萄品质实现标准化生产的关键性技术之一。要想取得优质浆果，必须严格控制产量。鲜食葡萄每亩标准产量应该控制在 1000～1500kg。

1. 疏花序时间

对生长偏弱、坐果较好的品种，原则上应尽量早疏去多余花序。通常在新梢上能明显分辨出花序多少、大小的时候进行，以节省养分，对生长强旺、花序较大、落花、落果严重的品种（如巨峰以及其他巨峰群品种、玫瑰香等），可适当晚几天，待花序分离后能清楚看出花序形状、花蕾多少的时候进行疏花序。至于最后选留多少花序，还取决于产量指标和花序的坐果状况。

2. 疏花序要求

根据品种、树龄、树势确定单位面积产量指标，把产量分配到单株葡萄上，然后进行疏花序。一般对果穗重 400g 以上的大穗品种，原则上短细枝不留花序，中庸和强壮枝各留 1 个花序。个别空间较大、枝条稀疏、强壮的枝可留 2 个花序（图 7-39～图 7-41）。疏除花序应考虑如下方面和顺序。

图 7-39　疏花序前

图 7-40　疏花序

① 新梢强弱。细弱枝、中庸枝、强壮枝。

② 新梢位置。主蔓下部离地面较近的低位枝，主、侧蔓延长枝，结果枝组中的距主蔓近的下一年留作更新枝。

③ 花序着生位置。与架面铁线或枝蔓交叉花序，同一结果新梢的上位花序。

图 7-41　疏花序后

④ 花序大小与质量。小花序、畸形花序、伤病花序。

对大穗形且坐果率高的品种（红地球、秋红、里查马特、龙眼，无核白鸡心等），花前 1 周左右先掐去全穗长 1/5～1/4 的穗尖，初花期剪去过大、过长的副穗和歧肩，然后根据穗重指标，结合花序轴上各分枝情况，可以采取长的剪短、紧的"隔 2 去 1"（即从花序基部向前端每间隔 2 个分枝剪去 1 个分枝）的办法，疏开果粒，减少穗重，达到整形要求。

对巨峰等坐果率较低的葡萄品种，花序整形时，先掐去全枝长的 1/5～1/4 的穗尖，再去副穗和歧肩，最后从上部剪掉花序大分枝 3～4 个，尽量保留下部花序小分枝，使果穗紧凑，并达到要求的短圆锥形或圆柱形标准。

四、肥水管理

1. 土壤管理

葡萄萌芽开花需消耗大量营养物质。若树体营养水平较低，此时氮肥供应不足，会导致大量落花落果，影响营养生长，对树体不利，故生产上应注重这次施肥，施复合肥 15～20kg，有利于树势健壮、生长和开花坐果。对弱树、老树和结果过多的大树，应加大施肥量。树势强旺，基肥数量又比较充足时，花前追肥可推迟至花后。但在开花前 1 周至开花期，禁施速效氮肥。结合根外追肥，在幼叶展开、新梢开始生长时，喷施 0.1% 尿素加磷酸二氢钾混合液 2 次，可促进幼叶发育，显著增大叶面，提高光合能力，促进营养生长和花芽补充分化。

在整个萌芽抽梢期间，一在施肥时局部挖施肥沟、施肥穴结合施肥进行翻土。中耕除草两者往往结合进行。中耕的目的是清除杂草，减少水分蒸发和养分消耗，改善土壤通气条件，促进微生物活动，增加有效养分，减少病虫害，防止有害盐类上升等。中耕应根据当地气候和杂草生长情况而定。在杂草出苗期和结籽前进行除草效果更好。中耕深度一般为 5~10cm，里浅外深，尽量避免伤害根系。

2. 水分管理

在萌芽前灌水基础上，土壤含水量少于田间最大持水量的 60％ 时就需要灌水。即壤土或沙壤土，手握土时当手松开后不能成团；黏壤土捏时虽能成团，但轻压易裂，说明土壤含水量已少于田间最大持水量的 60％，须进行灌水。

五、病虫害防治

开花前喷施 1 次甲基硫菌灵或用百菌清进行 1 次熏蒸，防治灰霉病和穗轴褐枯病等病害。温室室内不宜喷施波尔多液，以免污染棚膜。

【知识链接】　葡萄灰霉病的症状及防治措施

（1）症状　灰霉病主要为害葡萄的花序、幼果和成熟的果实，也为害新梢、叶片、穗轴和果梗等。

① 花序受害时出现似热水烫过的淡褐色病斑，很快变为暗褐色、软腐，天气干燥时花序萎蔫干枯，易脱落（图 7-42），潮湿时花序及幼果上长出灰色霉层。

② 叶片受害多从叶缘和受伤部位开始，湿度大时，病斑迅速扩展，很快形成轮纹状不规则大斑，生有灰色霉状物，病组织干枯脱落。

③ 果实受害初产生褐色凹陷病斑，以后果实腐烂（图 7-43）。

④ 果穗受害多在果实近成熟期，果梗和穗轴可同时被侵染，最后引起个果穗腐烂，上面布满灰色霉层，并形成黑色菌核。

图 7-42　灰霉病为害花序

图 7-43　灰霉病为害果实

（2）防治方法

① 减少菌源。结合修剪尽量清除病枝、果粒、果穗和叶片等残枝体，做到及早发现，及时清除。

② 栽培管理。及时摘心，剪除过密的副梢、卷须、花穗、叶片等。避免过量施用氮肥，增施钾肥。提倡节水灌溉、覆膜，降低湿度，控制病菌传播。

③ 选用抗病品种。在保护地栽培时，尽量不栽果皮薄、穗紧和易裂果的品种。

④ 药剂防治（建议用药）。花穗抽出后，可喷洒50％多菌灵800倍液，50％扑海因1000倍液，40％多霉克500倍液，70％易保1000～1500倍液等。采收前喷洒60％特克多1000倍液，要注意轮换施用药剂。

【知识链接】 葡萄穗轴褐枯病的症状及防治措施

（1）病状　葡萄穗轴褐枯病是葡萄上的一种新病害，受害严重的巨峰葡萄，其幼穗小穗轴和小幼果大量脱落，影响产量和品质。小穗轴发病初期，先在果穗分枝的小穗轴上出现水浸状褐色小斑点，很快变褐坏死，干枯变为黑褐色，幼果萎缩脱落后剩下穗轴，以后干枯的穗轴经风吹或触碰，从分枝处脱落（图7-44）。

图 7-44　穗轴褐枯病

小幼果被害后有两种症状。一是最初在小幼果粒上发生水浸状褐色不规律的片状病斑，迅速扩展到整个穗粒，变为黑褐色，随之萎缩脱落；二是小幼果上出现深褐色至黑色圆形小斑点，病斑不凹陷，幼果不脱落，随着果粒增大，病斑裘现呈疮痂脱落，只影响外观，不影响果实生长发育。

（2）防治措施

① 降低水位，清除杂草，改善架面通风透光条件。

② 花期 1 周和始花期，结合防治黑痘病和灰霉病，喷洒波尔多液、多菌灵或甲基托布津。

③ 花前 18 天每株根浇 0.5～1g（有效成分）多效唑，可明显增强分枝穗轴的抗病能力。

第四节　开花期管理

一、环境调控

葡萄自开花始期至开花终了为止，可持续 7～12 天，但多数为 6～10 天。当温度达到 25℃以上时葡萄开始开花，如果低于 15℃则不能正常开花与授粉，受精也会受到抑制。此期管理工作的重点是在控制好温室内温度和湿度的基础上，采取保花保果措施，提高坐果率。

葡萄的授粉受精对温度要求较高。据试验，巨峰葡萄花粉发芽在 30℃时最好，低于 25℃授粉不良。因此，花期白天温度控制在 28℃，不低于 25℃，夜间温度保持在 16～18℃，不低于 10℃。温度过低，多数品种授粉、受精不良，落花落果严重。花期禁止浇水，空气相对湿度控制在 50％，防止造成落花落果。同时应增加二氧化碳含量，提高光合速率，促进坐果。

二、花果管理

【知识链接】 葡萄花

葡萄当年春季果枝上的花芽是上一年形成的。花芽分化的始期是植株开花期前后，兰州地区约在 5 月下旬至 6 月上旬。6～7月是分化盛期。次年萌发后，每个花序原始体才依次分化出花萼、花冠、雄蕊和雌蕊，然后开花。

一般从新梢基部第 2～6 节开始形成花序（图 7-45）。有的花序上还有副穗。花序上的花朵数因品种和树势不同而异，发育良好的花序一般有花 200～1500 朵，多的可达 2500 朵以上。葡萄花的形态也与其他果树差异大，称五部合成型，即 5 片顶端连生的绿色花瓣，构成帽状花冠，花萼小 5 片连生呈波状。开花时花瓣自基部微裂外翘，呈帽状脱落（图 7-46）。花冠代替萼片，在蕾期对花起保护作用。

图 7-45 葡萄花序

图 7-46 葡萄开花

欧洲种葡萄的栽培品种，大多数具有两性花，是常异交自花授粉植物，其只有极少数品种为雌性花品种，需要异花授粉。春天，从葡萄萌芽到开花需经历 6～9 周，当日均温度达到 20℃时开花，随着气温的升高开花迅速，在 26～32℃ 时，花粉发芽率最高，花粉管伸长也最快，数小时内就可到达胚珠，温度低时往往需要几天的时间。

葡萄花期因品种和气候条件而不同。在满足授粉受精的前提下，提高坐果，减少小果率的主要措施是花前（约开花前 1 周）对结果枝摘心，并严格控制副梢生长，使暂时停止营养生长，减少幼叶数，提高成叶比例，迅速增加光合产，让更多的营养运向花序中。

保护地栽培条件下，1 个结果新梢平均留 1 穗果，弱枝不留果。每平方米有效架面留 8～10 个新梢、留 4～5 穗果，每亩产量控制在 1500～2000kg。即在 0.5m×0.5m×2.5m 的密度下，每亩可栽树 1100 株。1 株树留 5 个新梢，其中 4 个结果新梢，以 1 穗果 500g 计，每亩可产 2200kg。建议将产量控制在 1500kg 左右。

花序的整理可根据品种特性，参考露地管理技术进行，如在开花前进行去副穗（图 7-47～图 7-51）、掐穗尖（图 7-52）、整穗形等，可提高坐果率和果穗的整齐度。

在温室葡萄初花期和盛花期，向花序上各喷施 1 次 0.2%～0.3% 的硼砂液或硼酸液，以提高坐果率。

图 7-47　去副穗前

图 7-48　去副穗（1）

图 7-49 去副穗（2）

图 7-50 去副穗（3）

图 7-51 去副穗后

图 7-52 掐穗尖

三、肥水管理

1. 施肥

（1）花前喷肥 在幼叶展开、新梢开始生长时，喷施 0.3% 尿素加磷酸二氢钾混合液 2 次，可促进幼叶发育，显著增大叶面，提高光合能力，促进营养生长和花芽补充分化。

适宜根外追肥的化肥种类及使用浓度：尿素 0.1%～0.3%，磷酸二氢钾、硫酸铵 0.3%，过磷酸钙、草木灰 1%～3%，硼砂或硼酸 0.2%～0.3%，硫酸锌 0.3%～0.5%，硫酸钾 0.05%，硫酸镁 0.05%～0.1%，硫酸亚铁 0.1%～0.3%，硫酸锰 0.05%～0.3%。追肥可以挖施肥条沟（图 7-53）和用施肥杈（图 7-54）。

图 7-53　条沟追肥　　　　　　　　图 7-54　施肥杈追肥

（2）补充硼肥　大多数果树从开花到结实，体内的营养代谢非常活跃。在开花期容易缺少的是硼。缺硼会影响花芽分化、花粉的发育和萌发，在开花时造成花冠不脱落，明显降低坐果率，加剧落花、落果，严重产生大小粒等现象。硼还能提高果实中维生素和糖的含量，改善果实品质。

可以根据不同品种对硼的需求，在开花期适当补充硼肥。硼的施用方法有两种，一是叶面喷施，二是土壤施肥。叶面喷施可以在花前、花期连续喷施 0.2%～0.3% 的硼砂或硼酸盐，中间间隔 1 周左右。将硼肥施入土壤可以在开春开沟施入，每公顷施 22.5～30kg 的硼酸或硼砂。

2. 水分管理

从初花至谢花期约 10～15 天内，应停止供水。花期灌水会引起枝叶徒长，过多消耗树体营养，影响开花坐果，出现大小粒和严重减产。江南的梅雨期正值葡萄开花期和生理落果期。如土壤排水不良，甚至严重积水，会大大降低坐果率。同时引起叶片黄化，导致真菌病害和缺素症（如缺硼）等发生。

因此，在葡萄园规划、设计、建园时，必须建设好符合要求的排水系统。在常年葡萄园管理中，要加强排水系统的管理，经常清理泥沟，清除杂草，保持常年排水畅通。畦沟要逐年加深，特别是水田建园，要使地下水位保持较低的水平。要求在梅雨季节，雨停田干不积水。

四、病虫害防治

花期注意防治穗轴褐枯病，开花前可喷施 1 次甲基硫菌灵或用百菌清进行 1 次熏蒸。棚室内不宜喷施波尔多液，以免污染棚膜。

第五节　果实发育期管理

【知识链接】　葡萄果

此期正值葡萄幼果迅速膨大期，从终花期到浆果开始着色为止。一般早熟品种为 35～60 天，中熟品种为 60～80 天，晚熟品种为 80～90 天。葡萄果实生长为双 S 形。根据不同时期果实生长发育特点和生长快慢可以把果实的生长发育过程分为 3 个时期。第一期称为迅速生长期，是指从开花坐果开始到第 1 次快速生长结束的这一段时期。在此期间细胞分裂活动非常旺盛，尤其是在这一时期的前半期即开花后 5～10 天，果肉细胞进行着旺盛的分裂。同时果实体积增大也较快，果皮和种子都迅速生长。在第一期结束时果实内种子的发育已经基本达到成熟时的大小，但胚仍然较小。第二期称为硬核期或暂时停止生长期，在这一时期中果实膨大生长速度开始下降或停滞，但种皮开始迅速硬化，胚的发育速度加快，浆果酸度达到最高水平，开始了糖的积累。第三期称第2次迅速生长期，在这一时期的初期阶段果色开始转变（称为转熟期），果实硬度开始下降，随之果实再次快速膨大，果实中糖分急剧增加，酸度降低。果实干重的变化与鲜重大致相同。葡萄果实是由子房发育而成，属真果。浆果的颜色决定果皮中的色素。果皮的成分与酿制酒的色泽和风味有密切的关系，果皮的黄色和绿色是由叶黄素、胡萝卜素等的存在和变化所形成；红、紫、蓝、黑色是由花青素的变化所形成。大部分的果肉透明无色，但少数欧洲葡萄品种和一些杂交品种的果汁含有色素。葡萄所含的色素对酿制红、白葡萄酒有直接的关系，而对鲜食仅是一个外观因素。

从落花后幼果开始生长至浆果开始成熟为止，早熟品种需 38～48 天，中熟品种需 50～65 天。主要工作是合理调控温室内的环境，改善通风透光条件，加强树体营养供给，促进幼果健壮生长。

一、环境调控

在果实发育期，白天温度控制在 25～28℃，夜间温度控制在 16～18℃，不高于 20℃，不低于 13℃。果实着色期白天温度控制在 28～30℃，夜间 15～18℃ 或更低些。此期增加昼夜温差，促进养分积累，以利果实着色，提高果实含糖量，改善果实品质。

空气相对湿度控制在 50％～60％。这一时期葡萄对水分需求量较大，应及时浇水。另外，这一时期光照条件的好坏及二氧化碳供给量的多少直接影响着光合速率的大小，从而影响果实的发育。因此，这一时期应增加二氧化碳含量，改善光照条件以提高光合产物在果实内的积累。

二、树体管理

1.副梢处理及绑梢

① 对于花前或花期摘心后营养枝发出的副梢，只保留枝条顶端 1～2 个副梢，每个副梢上留 2～4 片叶反复摘心；副梢上发出的

二次副梢只保留顶端 1 个，并留 2～3 片叶摘心；其余的二次副梢长出后应立即抹去。对结果枝发出的副梢，位于花序下部的抹去，位于花序上部的留 2～3 片叶摘心，副梢上发出的二次副梢，只在顶端保留 1 个，并留 1～2 片叶反复摘心，其余全部除去。

② 及时绑梢和摘除卷须以促进枝蔓生长。

2. 疏果

国外优质葡萄的产量，一般都控制在 1.7～2kg/m² 的范围内。我国果农过分追求产量，巨峰葡萄高产园每 667m² 多达 3000kg 以上（每平方米产果 4.5kg 以上）。造成浆果粒小、糖度低、酸度高、着色差（甚至不着色）、新梢不成熟、花芽分化不好。第 2 年发枝很少，花序很少，树势衰弱，第 3 年大量死树。所以从优质角度考虑，必须规范每平方米架面产果量 2～2.5kg，每公顷产量 $(1.95～2.25)×10^4$ kg 为标准。

（1）时期　为减少养分无效的消耗，疏穗和疏粒的时期以尽可能早为好。一般在坐果前进行过疏花序的植株，疏穗的任务减轻，可以在坐稳果后（盛花后 20 天），能清楚看出各结果枝的坐果情况，估算出每平方米架面的果穗数量时进行。疏粒工作在疏穗以后，当果粒进入硬核期时，在果粒能分辨出大小粒时进行。

（2）疏穗方法　根据生产 1kg 果实所必需的叶面积推算架面留果穗的方法进行疏穗，是比较科学的。因为叶面积与果实产量和质量存在极大的相关性，通常叶面积大、产量高、品质好，但是产量与质量之间又是负相关，必须先定出质量标准，在满足质量要求前提下，按叶面积留果。

每 1000m² 架面上，具有 15000～20000m² 的叶面积，可生产含糖 17% 的巨峰葡萄 1800～2500kg。折算成每亩 1180～1650kg。

疏穗的具体方法：中庸果枝留 1 穗，强枝留 2 穗，弱枝不留穗，每平方米架面选留 4～5 穗（图 7-55）。

（3）疏粒方法　通过疏粒使果穗大小符合所要求的标准，也是果穗整形、果粒匀整、提高商品性能的重要措施。标准穗重因品种而异，小粒果，着生紧密的果穗，以 200～250g 为标准穗；大

图 7-55 疏穗

粒果，着生稍松散的果穗，以 $350 \sim 450g$ 为标准；中粒果、松紧适中的果穗，以 $250 \sim 350g$ 为标准。果穗太大，糖度低，特别是着色要差，尤其居于果穗中心的果粒特难着色，影响商品性。

疏粒时，首先把畸形果疏去；其次把小粒果疏去，个别突出的大粒果在日本也是要疏去的，根据我国的国情还是留下为好。然后根据穗形要求，剪去穗轴基部 4~8 个分枝及中间过密的支轴和每支轴上过多的果粒，并疏除部分穗尖的果粒。大粒品种每穗保留 30~60 粒，小粒品种每穗保留 60~70 粒（图 7-56、图 7-57）。

图 7-56 疏粒前

图 7-57 疏粒后

3. 施用植物生长调节剂增大果粒

（1）应用葡萄膨大剂　葡萄膨大剂是一种新型高效的细胞分裂素类植物生长调节剂，具有强力促进坐果和果实膨大的作用，其生理活性为玉米素的几十倍，居各种细胞分裂素之首。葡萄膨大剂对落花落果严重、对开花期气候条件敏感的巨峰等品种提高坐果率的效果非常明显，可使产量大大提高。在使用膨大剂时有一点需注意，由于它能使坐果率提高、果粒明显膨大，必须较严格地控制产量，必要时配合疏粒。否则，由于产量过高会造成着色和成熟期推迟，而在正常产量负担下，对着色和成熟期无明显影响，并且有提高浆果含糖量的效果。

葡萄膨大剂是塑料锡箔袋装，液体产品，使用时每袋兑水 1～1.5kg。使用时期为落花后 7～10 天和 20 天各喷（浸）果穗 1 次。四川兰月科技开发公司生产的狮子王牌葡萄膨大剂每 10mL 对水 1～1.5kg，可在落花后 1～15 天处理 1 次，也可在落花后 7～10 天和 18～20 天各浸果穗 1 次。处理时最好是阴天或晴天下午 4 时后。浸果穗后轻轻抖一抖果穗，抖掉穗粒下部水珠，以免形成畸形。

（2）使用赤霉素　对无核品种应用赤霉素处理可使果粒明显增大。使用方法是在盛花期用 10～30mg/kg 处理 1 次，于花后 15～20 天用 30～50mg/kg 再处理 1 次，浸蘸或喷布花序和果穗。品种不同，最适处理浓度有所差异。实践证明，红脸无核第 1 次用 10mg/kg，第 2 次用 30mg/kg；金星无核第 1 次用 20～50mg/kg，第 2 次用 50mg/kg；无核白鸡心第 1 次用 20mg/kg，第 2 次用 50mg/kg；无核白第 1 次用 10～20mg/kg，第 2 次用 20～40mg/kg 处理；使用效果均较好，可使果粒增重 0.5～1 倍以上。

（3）应用大果灵和增大灵　对有核品种（如巨蜂、藤稔等）于花后 10～12 天浸或喷果穗，可使果粒增大 30%～40%；详细的使用方法参照产品说明书。

4. 其他措施

为提高葡萄叶片光合效率，此期内可在葡萄架下铺设反光膜，增加叶幕层内的光照度，同时，也可施用二氧化碳肥料。

三、肥水管理

1. 土壤管理

加强土壤管理，保持土质疏松、肥沃，并经常注意改善土壤的透气性，增加有机质，以充分满足葡萄根系生长发育的需要。中耕、除草与刈草等土壤管理措施是获得优质、高产的重要措施之一。

果实生长期既需要较多的氮，又需要较多的磷、钾、氮、磷、钾肥料要配合施用。如单施化肥，每公顷应施尿素 450kg 左右，过磷酸钙 450kg 左右，氯化钾（硫酸钾）300kg 左右。如用复合肥，每公顷应施 450kg 左右，还应配施尿素 225～300kg，氯化钾（硅酸钾）150～225kg。有条件的配施菜籽饼 375～450kg（先腐熟）。欧亚种葡萄可增加 1 倍的施肥量。由于施肥量多，不能 1 次施用，应分 2 次施用。

施肥方法：氮、磷、钾化肥混合后撒施畦面，浅翻入土或畦两边开沟条施入后覆土（每次施一边或每次两边均施，不宜开穴点施）。如土壤干燥，施肥后应适当浇水。

在果粒硬核期以后结合叶面喷肥，每 10 天喷 1 次 3％～5％的草木灰和 0.5％～2％的磷肥浸出液；或喷施 0.2％～0.3％的磷酸二氢钾，连续喷施 3～4 次，对提高果实品质有明显作用。

早熟品种正值果实着色初期，此次施肥对提高果实糖分、改善浆果品质、促进新梢成熟都有作用。这次追肥以磷、钾为主。通常每 667m² 施磷肥 50～100kg，钾肥 30～49kg。篱架葡萄园在树干两侧，棚架在高主干 30～49cm 处，挖 20cm 左右的小沟施入，施后覆土、浇水，以提高肥效。中晚熟品种处于幼果膨大期，追施少量人、畜粪或每株施尿素 0.25kg，使幼果迅速膨大。另外为增加浆果体积和重量，提高含糖量，增加着色度，促进果实成熟整齐一致，可结合病虫防治喷施 0.2％～0.3％的磷酸二氢钾或 1.0％～2.0％的草木灰浸出液，连喷 2 次。

2. 水分管理

此期植株的生理机能最旺盛，为葡萄需水的临界期，适宜的土壤湿度为田间持水量的 75%～85%。如水分不足，叶片夺去幼果的水分，使幼果皱缩面脱落。叶片还从吸收根组织内部夺取水分而影响呼吸作用正常进行，导致生长减弱，产量下降。可用滴灌（图 7-58）等方法灌溉。

图 7-58　滴灌

浆果着色期水分过多，将影响糖分积累，着色慢，降低品质和风味，易发生白腐病、炭疽病、霜霉病等，某些品种还可能出现裂果，此期间应严格控水。连续 10 天以上晴热天即应灌水抗旱，晚上灌水，清晨排水，一直到葡萄成熟采收前。

四、病虫害防治

在果实发育期为害果实的主要病害有白腐病、炭疽病等。可在坐果后 2 周左右喷 1 次 50% 福美双可湿性粉剂 500～700 倍液，以后每半个月喷 1 次杀菌剂，可用福美双和百菌清可湿性粉剂 800 倍液交替使用。为了降低温室内湿度，也可用百菌清烟雾剂熏蒸，每 10 天左右熏蒸 1 次。

【知识链接】　葡萄白腐病的症状及防治措施

（1）症状　葡萄白腐病主要为害果实和穗轴，也能为害枝蔓和叶片。果穗发病先从距地面较近的穗轴和小果梗开始，起初出现淡褐色不规则的水渍状病斑，逐渐蔓延到果粒。果粒发病后1周，病果由褐色变为深褐色，果肉软腐，果皮下密生白色略突起的小点。以后病果逐渐干缩成为有棱角的僵果，果粒或果穗易脱落，并有明显的土腥味（据此可与穗轴褐枯病相区别）（图7-59）。枝蔓发病多在受伤的部位，病斑初为旗红色或褐色、水渍状椭圆斑，以后颜色变深，表面密生略为突起的灰白色小粒点，

图7-59　白腐病

后期病蔓皮层与木质部分离，纵裂，纤维散乱如麻，病部两端变粗，严重时病蔓易折断，或引起病部以上枝叶枯死。叶片发病时，先从叶缘开始产生黄褐色边缘呈水浸状的 V 形病斑，逐渐向叶片中部扩展，形成近圆形的淡褐色大病斑，病斑上有不明显的同心轮纹。后期病斑产生灰白色小点，最后叶片干枯，极易破裂。

（2）防治方法

① 彻底清除落于地面的病穗、病果；剪除病蔓和病叶并集中烧毁。结合休眠期修剪，剪除树上病蔓，并将病残枝叶彻底烧毁。

② 加强栽培管理。合理修剪，及时绑蔓、摘心、处理副梢和适当疏叶，创造良好的通风透光条件，降低田间湿度。栽培上要注意改良架形，将果穗坐果部位提高到距地面60cm以上，以减少发病。

③ 合理施肥。生长前期以施氮肥为主，促进枝蔓生长；着果后以磷、钾肥为主提高植株的抗病力。

④ 坐果后经常检查下部果穗，发现零星病穗时应及时摘除，

并立即喷药。以后每隔 15 天喷 1 次，至果实采收前为止，共喷 3～5 次。常用药剂有 80%喷克可湿性粉剂 800 倍液、50%退菌特 800 倍液、70%百菌清 500～700 倍液、50%多菌灵 800 倍液、50%甲基硫菌灵 800 倍液、50%可湿性福美双（赛欧散）700～1000 倍液。

⑤ 在白腐病发病初期，应及时采用 6000～8000 倍液氟硅唑（福星）或 3000～4000 倍液烯唑醇等治疗剂喷洒。

⑥ 对白腐病发生较严重，除加强树体防治外，萌芽前可在树盘内地表面喷洒 5°Bé 石硫合剂或进行地膜覆盖，以减少越冬菌源的侵染。

【知识链接】 葡萄炭疽病的症状及防治措施

（1）症状 葡萄炭疽病主要为害接近成熟的果实，所以也称晚腐病。病菌侵害果梗和穗轴，近地面的果穗尖端果粒首先发病，果实受害后，先在果面产生针头大的褐色圆形小斑点，以后病斑逐渐扩大并凹陷，表面产生许多轮纹状排列的小黑点，即病露菌的分生孢子盘（图 7-60）。天气潮湿时涌出粉红色胶质的分生孢子团是其最明显的特征。严重时，

图 7-60 葡萄炭疽病

病斑可以扩展到整个果面。后期感病时，果粒软腐脱落，或逐渐失水干缩成僵果。果梗及穗轴发病，产生暗褐色长圆形的凹陷病斑，严重时使全穗果粒干枯或脱落。

（2）防治方法

① 彻底清除架面上的病残枝、病穗梗和病果，并及时集中烧毁，消灭菌源。

②加强栽培管理，及时摘心、绑蔓和中耕除草，为植株创造良好的通风透光条件。同时，要注意合理排灌，降低果园湿度，减轻发病程度。

③葡萄萌动前，喷洒40％福美双100倍液或5°Bé的石硫合剂药液，铲除越冬病原体。开花后是防止炭疽病侵染的关键时期，果实生育期每隔15天喷1次药，共喷3～4次。常用药剂有喷克1000～1200倍液、科博600倍液、50％退菌特800～1000倍液、200倍石灰半量式波尔多液、50％托布津500倍液、75％百菌清500～800倍液和50％多菌灵600～800倍液或多菌灵-井冈霉素800倍液，特别是对结果母枝上要进行仔细喷布，退出特是一种残效期较长的药剂，采收前1个月即应停止使用。

五、葡萄裂果的原因及预防

葡萄裂果发生时期及症状：一般果实裂果多发生在果实着色成熟期。裂果症状因不同品种、不同诱发原因而异。如巨峰多在果顶部裂开，也有在果蒂部；乍那一般自果蒂的胴部横向裂开，也有果顶部的纵向开裂，粉红葡萄多在果顶部裂果；意大利在果蒂部呈近环状开裂；金后从果蒂向下纵裂；洋红蜜在果顶部呈放射状三裂，某些果粒着生紧密的品种如玫瑰露、金玫瑰等一般在果粒间接触部分裂开；大可满在果顶部、果蒂处和果粒胴部均可发生裂果。果实裂果，裂口随着果实成熟，着色面的扩大而加长变宽，易被杂菌感染而霉烂。由病虫害引起的裂果与生理裂果不同，如白粉病为害引起的裂果，发生在硬核期之后，果实以果脐向上纵裂；由红蜘蛛为害的裂果，发生在着色之后，果实从果蒂部向下纵裂。

1. 影响葡萄裂果的因素

（1）品种　葡萄果实裂果与否、裂果轻重与品种关系很大。受品种的果实发育特点、果皮组织结构、果粒着生密度等因素制约。一般果皮薄、果肉脆的欧亚种易发生裂果，如牛奶、意大利等，而果皮较厚、肉质软的品种裂果较轻或不裂果。另外，在果实着色期，从果面或根系吸水速度快、吸水量大的品种如里查马特、布朗无核、奥林匹亚等易发生裂果。

（2）果皮强度　葡萄的果皮强度高低，受果粒部位、成熟度、果粒密度等因素影响。一般果皮强度随着果实成熟、含糖量增加而急剧降低，但同一果粒不同部位降低的幅度不同。如果粒密集的玫瑰露，果粒间的接触部分表皮层薄，有许多龟裂，果皮强度降低较大，若在成熟期遇雨，果皮和根系迅速吸水，果粒内部膨压增高，在果粒接触的龟裂部分裂果。果粒稀疏的巨峰，果实着色期，在果顶部有许多小龟裂，有时在果蒂部至果顶部有纹状凹陷，这些龟裂和凹陷部位，果皮强度较低，也易发生裂果。

（3）果粒发育状态　巨峰葡萄的裂果与果实的膨大状况有密切关系。易裂果的果粒，在果实发育初期，果实膨大量往往较小，硬核期果实生长明显停滞，且停滞的时间长，至着色期果实又急速膨大，果粒的纵径和横径生长不平衡，果面产生变形，在果顶部或果蒂部形成龟裂和凹陷，这些部位易发生裂果。而果粒在初期膨大良好，硬核期发生停滞时间短，着色期果实膨大量适宜的，裂果少或不裂果。

（4）种子发育　据报道，大多数的裂果多发生在只有单个种子的果粒。因单个种子偏向果粒一侧，在种子的一侧发育良好，而无种子一侧发育较差，果粒畸形，易发生裂果。

（5）土壤质地　一般地势低洼、排水不良、通透性差、干湿变化剧烈、易旱易涝的黏质土易发生裂果。而土层深厚、土质疏松、通透性好的沙质土则裂果较轻。

（6）土壤水分变化　若在果实发育初期降雨少，水分供应不足，土壤长期处于干旱状态，果实在硬核期生长停滞的时间长，到果实着色期连降雨或浇水量大，土壤水分急剧增加，根系和果面大量吸水，果实急剧膨大，在果皮强度低的着色部分发生裂口。因此，久旱后骤雨或大量浇水，土壤干湿变化剧烈是引起葡萄裂果的主要原因之一。

（7）植物生长调节剂　据平智研究，奥林匹亚在果实着色期

喷布乙烯利和 GA_3 有促进裂果的作用，而同期喷布乙烯合成抑制剂氨基乙醇酸则有抑制裂果的倾向。这表明裂果的发生或加剧与乙烯有关。

（8）某些病虫害　葡萄白粉病为害可引起裂果，感病后果面常覆盖一层白粉，后期白粉下形成雪花状或不规则褐斑，果实硬化，失去弹性，常从果顶部向上纵裂，多发生在硬核期以后。葡萄红蜘蛛为害也可引起裂果，在果面上呈褐锈斑，以果肩为多，果面粗糙，果粒多果蒂向下纵裂。

（9）栽培管理　一般光照不足、通风不良、湿度高、氮肥过多的情况下，果皮脆，易发生裂果。负载量对裂果也有影响。巨峰如负载量大、结果过多、叶果比小，果实成熟延迟，着色不良，易引起裂果。弱树、移栽树、自根树和发生日灼病的植株易发生裂果。另外，不同年份、不同植株间发生裂果的轻重也有差异。总之，往往多个栽培因素影响根系和叶片的功能，引起果实发育和水分生理的异常，从而导致裂果的发生。

2. 防止裂果的几项主要措施

葡萄裂果受多因素影响，各地应根据当地的品种、气候、土壤、栽培管理等具体条件，找出影响裂果的主要因子，采用相应的防治措施，才能收到良好效果。

（1）品种选择　温室定植时，在其他经济性状相同或相近的情况下，应优先选择裂果轻或不裂果的品种。

（2）园地选择与土壤改良　应尽量在土层深厚、土质疏松、通透性良好的沙壤土栽植，但对通气不良、易板结的黏质土，可深翻，加厚活土层，增施有机肥，改善土壤理化性质，并应做好排水工作。

（3）采用"灌控结合法"浇水　花后至采收前的浇水采用"灌控结合法"，即在坐果后的果实发育初期、硬核期，每隔10～15天浇1次水，保持土壤水分的相对稳定，使幼果前期发育良好。尤其是要重视果实着色前的硬核期浇水，以减少该期的果粒生长缓慢停滞的时间，在果实开始着色至成熟期，应保持土壤适宜的湿度和相对稳定，如不太早，尽量不浇大水，以减少根系和果面吸水太多而导致裂果。另外，浇水应依降雨量情况灵活掌握。在果实成熟期若降雨量大，应做好排水工作。总之，如果土壤水分调节适宜，可有效地减少裂果。

（4）覆盖地膜　对葡萄实行地膜覆盖，可防止降雨后土壤水分剧增，排水通畅，稳定土壤水分。同时，覆膜后可抑制土壤水分蒸发，减少浇水次数，尤其适于缺水干旱地区，防止裂果效果非常显著。覆膜应依据不同品种的果实发育规律和裂果特点，掌握好覆膜时间和方法。一般在果实发育的第二个高峰期（着色成熟期）之前进行覆膜，乍娜在盛花后 30 天左右。覆膜前应浇 1 次透水，一般到果实成熟采收前不再浇水。覆膜可全园覆盖或树盘覆盖，前者效果更好。覆膜前，将植株基部整得略高，然后覆膜，以利降雨后水的排出。覆膜对提高着色也有一定作用。

（5）加强病虫害的防治　对葡萄白粉病引起的裂果，在萌芽期喷 25％粉锈宁可湿性粉剂 1500 倍液，或 70％甲基硫菌灵 1000倍液，连喷 2～3 次即可控制此病发生。对红蜘蛛引起的裂果，在萌芽前刮除患部树皮，消灭越冬螨。萌芽后展叶前喷 5°Bé 石硫合剂，生长季喷 300～500 倍液硫磺胶悬剂或 25％亚胺硫磷 500～800倍液，效果较好。

（6）加强综合栽培管理，合理负载　对巨峰、乍娜等易裂果品种，采用疏枝、疏穗等措施，保持适宜的叶果比，防止结果过量，果实上色快而整齐。对果穗过紧的品种，适当疏粒，使留下来的果粒有足够的生长空间。改善通风透光条件，加强夏季管理，及时抹芽、绑梢、摘心，使架面通风透光良好，降低空气湿度，减少果皮吸水，增强果皮韧性，对减轻裂果有一定效果。保持树势稳定，要增施有机肥，适当减少施氮肥，使植株健壮，枝条充实，保持适宜的树势和枝势。通过冬季、夏季修剪，保持全株树势的均衡，避免上强下弱。另外，将易裂果品种嫁接在适宜的砧木上，可减轻裂果。最好不要在易裂果的品种上使用乙烯利和 GA_3，以防诱发裂果。另外，采用果穗套袋对减少裂果也有较好效果。

六、果实采收与包装

温室葡萄采收时应注意两点，一是要适时采收，不能过早，以免影响葡萄质量；二是采收后要及时包装销售。葡萄的果穗成熟期不一致，应分期分批采收。采收应在早晚温度低时进行。用疏果剪去掉青粒、小粒，然后根据果穗大小、果粒整齐度和着色等进行分级和包装。由于温室促早栽培主要以早熟品种为主，而早熟品种大多耐储性较差，因此采收反应及时运销。对一时不能运销的，要进行低温保鲜，短期储藏。

1. 准备采收工具

包括采收用的采果剪、采果篮等，包装用的装果箱及标签、装果膜袋等，称量用的台秤，搬运用的平板车等。

2. 采前清理果穗

对即要采收的葡萄果穗，挨穗进行目测检查，将其中病、虫、青、小、残、畸形的果粒选出剪除。这项工作有时与采收同时进行，边采收边清理果穗。

3. 采收时间

葡萄采收应在浆果成熟的适期进行，这对浆果产量、品质、用途和储运性有很大的影响。采收过早，浆果尚未充分发育，产量减少，糖分积累少，着色差，未形成品种固有的风味和品质，鲜食乏味，酿酒贫香，储藏易失水，多发病。采收过晚，易落果，果皮皱缩，果肉变软，有些皮薄品种还易裂果，造成丰产不丰收。

（1）果实成熟度的类型　根据不同的用途，葡萄浆果的成熟度一般可分为四种类型。

① 可采成熟度。果实七八成熟，糖度较低，酸度较高，肉质较硬，适于罐藏、蜜饯加工。如康拜尔早生、康太等提前采收用而去皮、去籽、罐藏加工。但远运也应在此时采收。

② 食用成熟度。果实已成熟，达到该品种应有的色、香、味，适于鲜食、酿酒、制汁和储存。

③ 生理成熟度。果实已完全成熟，浆果肉质变软，种子充分成熟，糖酸比达到最高，色、香、味最佳，适于当地鲜食。

④ 过分成熟度。果实内含物水解作用加强，呼吸耗加剧，果皮开始皱缩，风味变淡，易脱粒，商品价值大大降低，甚至失去柜台货架商品价值。

（2）判断成熟度的方法

① 果皮色泽。白色品种由绿色变黄绿色或黄白色，略呈透明状；紫色品种由绿色变浅紫或紫红、紫黑色，具有白色果粉；红色品种由绿色变浅红或深红色。

② 果肉硬度。浆果成熟时无论是脆肉型或软肉型品种，果肉都由坚硬变为富有弹性，变软程度因品种而异。

③ 糖酸含量。根据各品种成熟浆果应有的糖酸含量指标。如巨峰可溶性固形物在15%以上、酸度在0.6%以下为鲜食成熟度的主要指标之一。酒用葡萄常以含糖量达到一定标准作为确定收购价格的基数，随含糖量的增减，价格上扬或下跌。

④ 肉质风味。根据口尝果肉的甜酸、风味和香气等综合口感，是否体现本品种固有的特性来判断。

（3）确定采收期

根据上述果实成熟度的标准和用途，可以确定正确的采收日期。但是，葡萄同一品种、同一地块、同一树上的果实，成熟期很不一致，一般都应分期采收，即熟一批，采一批，以减少损失和提高品质。

4. 采收方法

采收工一手持采果剪，一手握紧果穗梗，于贴近果枝处带果穗梗剪下，轻放在采果篮中，不能擦掉果粉，尽量保持果穗完整无损、整洁美观。

整个采收工作要突出"快、准、轻、稳"4个字。"快"就是采收、装箱、运送等环节要迅速，尽量保持葡萄的新鲜度。"准"就是分级、下剪位置、剔除病虫果粒、称重等要准确无误。"轻"就是轻拿轻放，尽量不摩擦果粉，不碰伤果皮，不碰掉果粒，保持果穗完整无损。"稳"就是采收时果穗拿稳，装箱时果穗放稳，运输储藏时果箱摞稳。

5. 分级

（1）分级的目的意义　葡萄采收后需要分级等一系列的商品化处理过程。分级的目的是使葡萄商品化，通过分级便于包装、储运，减少产后流通环节损耗，确保葡萄在产后链条增值、增效，实现优质优价，提高市场竞争力，争创名牌产品。

（2）分级标准　葡萄分级的主要项目有果穗形状、大小、整齐度；果粒大小、形状和色泽，有无机械伤、药害、病虫害、裂果；可溶性固形物和总酸含量等。鲜食葡萄行业标准中，对所有等级的果穗基本要求是果穗完整、洁净、无病虫害、无异味、充分发育、不发霉、不腐烂、不干燥。对果粒的基本要求是果形正、充分发育、充分成熟，不落粒，果蒂部不皱皮。而当前国内果品批发市场的等级标准，大多分为三级。

一级品：果穗较大（400～600g 或＞600g），穗形完整无损，果粒呈现品种的典型性，果粒大小一致，疏密均匀，色泽纯正（黑色品种着色率在 95％以上，红色品种着色率在 75％以上），肉质较硬，口感甜酸适口，无酸涩，无异味。

二级品：果穗中大（300～500g），穗形不够标准，形状有差异，果梗不新鲜。果粒基本表现出品种的典型性，但有大小粒，色泽相对一级品相差 10％左右，肉质稍软，含糖量低出 1％～2％，无异味。

三级品：果穗大小不匀，穗形不完整，果梗干缩。果粒大小不匀，着色差，肉质软，含糖量较低，酸味重，口感差，风味淡。可降低价格出售。

6. 包装

葡萄由农产品变成商品需要科学的包装。包装是商品生产的最后环节。通过包装增强商品外观，增加附加值，提高市场竞争力；保护商品不挤压、不变形、不损坏；防止商品污染，增进食品卫生安全；利于储藏运输和管理。

①包装容器。应选用无毒、无异味、光滑、洁净、质轻、坚固、价廉、美观的材料制作葡萄鲜果包装容器。通常采用木条箱、泡沫苯板箱、纸板箱和硬塑箱等。要求包装容器在码垛储藏和装卸运输过程中有足够的机械支撑强度，具有一定的防潮性，防止吸水变形，降低支撑强度，具有一定的通透性，利于葡萄呼吸放热和气体交换；在外包装上印制商标、品名、重量、等级及产地等。

②包装方法。葡萄是浆果，采收后应立即装箱，避免风吹日晒，否则易失水、易损伤、易污染。由于葡萄皮薄，肉软，不抗压、不抗震，对机械伤很敏感，最好从田间采收到储运销售过程中只经历一次装箱包装，切忌多次翻倒、多次装箱、多次包装，否则每次翻倒都会引起严重的碰、拉、压等机械损伤，造成病菌侵入而霉烂。所以应提倡在葡萄架下装箱。当然，也可集中采收后进入车间选果包装。

第六节　果实采收后管理

果实采收后，即可去掉棚膜，实行露地管理，大部分管理内容可参照露地管理进行，但也有以下几点需要加以注意。

一、采收后修剪

对于日光温室促成栽培的葡萄，如采用多年一栽制，果实采收后（沈阳多在6月中旬前）应立即进行更新修剪。因为此时进行更新修剪，培育新枝，对枝条发育尚有足够的时间，而且环境与露地相近，能够充分满足花芽分化、枝条木质化等发育过程的需求。

篱架栽培的葡萄通常是上部葡萄先成熟，采收后应及时回缩，以利于下部葡萄成熟，待果实全部采收后及时将主蔓在距地面30～50cm处回缩，促使潜伏芽萌发，培养新的主蔓，即结果母枝。有预备枝的则应回缩到预备枝处。这项工作最好在6月上旬完成，最迟不能超过 6 月下旬。修剪时间越晚，主蔓应留得越长，避免新梢萌发过晚，花芽分化不好。棚架葡萄修剪如采用长梢修剪，同样将结过果的主蔓部分回缩到棚架的转弯处，有预备枝最好，培养新的结果母枝（图 7-61）。

图 7-61　篱架栽培葡萄果实采收后修剪状

二、修剪后的新梢管理

主蔓回缩修剪后，大约 20 天潜伏芽萌发，对发出的新梢，选留 1 个，对其进行露地管理，副梢留一片叶摘心，及时去除卷须，当长到 1.8m 左右时或在 8 月上中旬进行摘心。美人指等生长势强旺的品种回缩后可留 2 个新梢，以缓和生长势（图 7-62）。

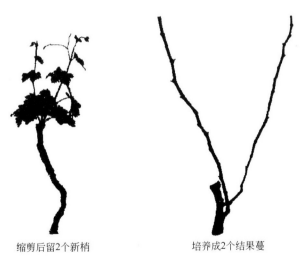

缩剪后留2个新梢　　　　　　培养成2个结果蔓

图 7-62　修剪后的新梢管理

三、采收后的肥水管理

葡萄修剪后每株施 50g 尿素或施复合肥 100~150g，施肥后灌 1 次水，促发新枝，重新培养结果母枝，后期及时控制新梢生长。9 月上中旬施 1 次有机肥，每亩施 5000kg，即 1 株树 5kg 左右，促进树体养分积累，为下一年生产打好基础。在新梢生长过程中应进行叶面施肥，促进新梢生长健壮，保证花芽分化的需要。

四、采收后的病虫害综合防治

更新后的新梢，前期可喷布石灰半量式波尔多液 200 倍液防治葡萄霜霉病，以后可喷等量式波尔多液，共喷 2~3 次，每次间隔 10~15 天。在喷布波尔多液期间可间或喷布甲基硫菌灵、代森锰锌、噁唑菌酮等杀菌剂防治白腐病、炭疽病等病害。

【知识链接】 葡萄霜霉病的症状及防治措施

（1）症状 葡萄霜霉病主要为害葡萄的叶片，也能侵害嫩梢、花序等幼嫩的部分。叶片发病，最初为细小的不定形淡黄色水渍状斑点，以后逐渐扩大，在叶片正面出现黄色和褐色的不规则形病斑，边缘界限不明显，经常数个病斑合并成多角形大斑。病斑背面产生白色的霜状霉层，发病严重时，叶片焦枯卷缩而早期脱落（图 7-63）。嫩梢、叶柄、果梗等发病，最初产生水渍状黄色病

图 7-63　霜霉病

斑，以后变为黄褐至褐色，形状不规则。天气潮湿时，在叶片下表面密生白色霜状霉层，天气干旱时，病部组织干缩下陷，生长停滞，甚至扭曲或枯死。花及幼果受害，病斑初为浅绿色，后呈现深褐色，感病果粒变硬，并在果面形成霜状霉层，不久即萎缩脱落。

（2）防治方法

① 收集病叶、病果、病梢等病组织残体，彻底烧毁，减少越冬菌源是预防霜霉病发生的重要技术环节。

② 加强果园栽培管理。尽量剪除靠近地面不必要的叶片，控制副梢生长；保持良好的通风透光条件，降低湿度，减少土壤中越冬的卵孢子随雨溅上来的机会。此外，增施磷、钾肥，在酸性土壤中增施生石灰，均可以提高葡萄的抗病能力。

③ 药物防治。铜制剂是防治霜霉病最重要、最有效的药剂，如波尔多液等。同时可用喷克、乙膦铝等进行预防。发病初期喷160倍液石灰半量式波尔多液或50％克菌丹500倍液、65％代森锌500倍液、40％乙膦铝可湿性粉剂200倍液、25％甲霜灵可湿性粉剂1000倍液、35％甲霜灵2000～3000倍液。以后每隔10～15天喷1次，连续2～3次，可以获得较好的防治效果。以25％甲霜灵可湿性粉剂2000倍液，分别与代森锌或福美双1000倍液混用，比单用效果更好，同时还可兼治其他葡萄病害。克露72％可湿性粉剂是防治霜霉病效果较好的一种新药剂，药效期长，既有预防也有治疗效果，常用浓度为700～800倍液，每隔15～20天喷1次即可。最近研制的烯酰吗啉、氟吗啉、霜脲氰等对防治霜霉病有良好的效果，可选择使用。

典型案例 1

冀西北地区日光温室
巨峰葡萄栽培技术

阳原县地处河北省西北部，属大陆性季风气候，冬季寒冷时间长，巨峰 6 月中旬开始成熟上市，比露地提早成熟 2 个月，每千克可卖到 10～16 元的高价，经济效益非常可观，基于此，当地农民争相建造温室栽植巨峰葡萄。现将日光温室巨峰葡萄在该地区的栽植技术总结如下。

一、温室结构

阳原县地处北纬 39°55′～40°22′ 的高寒冷地区，冬至时的太阳高度角大约 26.5℃；冬季寒冷，极端最低气温为 -30.4℃，所以选择适宜日光温度结构至关重要。温室东西延伸，坐北朝南，宜向西南倾斜 5℃（去磁偏角），脊高 3.3m，跨度 6.5m，墙体为 1m 厚的土墙或两个 24cm 的空心砖墙，空心内填炉灰渣，后屋面长 1.5～1.6m，仰角为 35～45℃，后屋面的结构自下而上为油毡、10cm 聚苯板和炉灰渣，上面抹一层草泥，有条件的再在上面打一层水泥，在温室前地脚外挖沟，砌 0.5m 深，24cm 厚的砖墙，砖墙外边放深 50cm，厚 10cm 的聚苯板以利保温。

二、栽植方式

东西向栽植一行，株距 0.6～0.8m，采用小棚架龙干整枝；也可以南北向双行带状栽植，株距 0.5m，带内行距为 0.6m，带间距 2m，采用篱架，枝蔓向带间倾斜延伸，栽植前，按以上栽植行向挖宽 1m、深 0.8m 的定植沟，下面放一些作物秸秆，上面将表土和充分腐熟的有机肥混匀填入，半亩温室施入 2500kg 有机肥。

三、适时扣棚

葡萄冬剪后，要适时扣棚，在 11 月 15 日开始覆膜加盖草帘，进行反保温，温度最好保持在 0～7.2℃之间，12 月下旬白天开始揭草帘升温。此后葡萄生长发育的物候期如下：2 月 4～5 日芽眼开始膨大萌发，3 月上旬新梢迅速生长，花序大量出现，4 月 1 日进入始花期，4 月 30 日进入终花期。5 月 14 日前后幼果迅速生长，以后进入膨大着色期。6 月中旬果实开始成熟，比露地巨峰葡萄提高上市 2 个多月。

四、温湿度调控

1. 温度调节

12 月下旬揭草帘升温，开始 3 周要缓慢进行，白天最高温度不能超过 20～25℃，以后一般不超过 30～35℃，通过开闭口进行调节；萌芽到开花期白天最高温度控制在 28℃左右，夜间最低温度控制在 10℃以上；花期最适温度为 18～25℃，最低温度控制在 10～15℃，果实膨大至着色期，最低温度在 15～25℃，最高温度控制在 28～30℃；果实着色至成熟期，一般夜间温度应在 15～20℃之间，白天控制在 25～30℃。

2. 湿度调节

萌芽至开花期，棚内相对湿度应控制在 75% 左右，开花坐果期在 65%，坐果后到着色期控制在 70%，着色期至成熟期控制在 65% 左右，有时为了降低棚内湿度，灌水 2～3 天进行中耕松土，或铺塑料薄膜，如湿度过大，应加大放风口，排除水蒸气，使棚内保持适温低湿的环境，这样既有利于生长，又可减轻病虫害的发生。

五、肥水管理

9 月下旬在葡萄一侧距植株 30cm 外开沟施基肥，半亩温室施腐熟有机肥 2000kg，过磷酸钙 50kg，草木灰 50kg。花前、花后、果实膨大、着色前、采收后追适量化肥（3～4 年生每株按 0.2kg 施入），前期以氮为主，后期以磷、钾肥为主，在着色期喷 2～3 次磷酸二氢钾，可提早成熟，增加糖分。

六、花果管理

严格限产，既保证质量，又可提早成熟，疏花序工作很重要，应在开花前进行，强枝留双穗，中枝留单穗，弱枝不留穗，掐穗尖，除副穗可明显提高巨峰葡萄的坐果率，一般应掐去花序全长的 1/4～1/3，去掉全部副穗，坐果后及时除掉小果、病虫果，疏去过密果，每穗留 50～80 粒即可。

七、整形修剪

东西向栽植的葡萄采用独龙干整枝，每株留一个主蔓，每条主蔓两侧每隔 20～30cm 着生一个结果枝组，南北向栽植的采用扇形整枝，每株留 2～4 个主蔓，蔓距 50cm，每个主蔓留 3～4 个结果枝组；生长季节进行夏剪，萌芽后抹去弱芽、侧芽，地面以上 30cm 范围内不留新梢。花前结果枝于花序以上留 4～5 片叶摘心，营养枝留 8～10 片叶摘心，新梢摘心后发出的副梢只留顶端一个，每次留两片叶反复摘心，其余副梢一律去掉。

八、病虫害防治

科学管理、增强树势，可有效地预防病虫害的发生，萌芽前喷一次 3～5°Bé 的石硫合剂，以后生长期内喷 2～4 次杀菌剂，以预防霜霉病及其他病害发生。

典型案例 2

辽宁苏家屯区温室无核白鸡心
葡萄优质栽培技术

苏家屯区自 1989 年开始设施葡萄栽培。在设施葡萄的发展过程中，永乐乡互助村王世洪等一批农民，引种试验栽培了乍娜、巨峰、无核白鸡心等葡萄品种。设施葡萄生产从简到繁，从庭院到大田，从小面积分散经营到大面积区域性发展。通过边实践、边研究、边改造、边提高，最终选定了温室主栽品种无核白鸡心葡萄，并总结出一套"多蔓矮化"立体栽培技术模式，开始规模化生产。到 2009 年全乡温室无核白鸡心葡萄栽培已达 12500 栋，占地 1700hm², 年产值 25000 万元，无核白鸡心葡萄被中国果品流通协会命名为"中华名果"，永乐乡被授予"全国温室葡萄第一乡"的美誉。现将优质栽培技术总结如下。

一、温室建设

温室东西走向，根据地形调整温室方位偏西 5°～8°，每栋长 80～100m，跨度 7～7.5m，为木制砖混结构，每栋折合占地 667m²。温室脊高 2.8m 左右，后墙高 2.0m 左右，前底角高 1.2m，后墙和两侧山墙为空心砖墙，厚度 30cm，屋面呈圆拱形，两栋温室间距 8m 左右。

二、建园

采用贝达做砧木的绿枝嫁接苗。双臂篱架，单行栽植，株距 0.6～0.8m，行距 2.2～2.4m，每栋栽植 320 株左右，保留 600～700 个主蔓。采取带状整地，栽前挖宽 0.8m、深 0.5m 定植沟，每 667m² 施入腐熟的鸡粪、猪粪等有机肥 3000kg 及复合肥 25kg，回填表土。每年 4 月下旬至 5 月上旬定植，第 2 年产量可达 1000～1500kg/667m²，实现早期丰产。

三、扣棚、打破休眠

温室葡萄采收后立即撤除棚膜，11月上旬扣棚膜。温室栽培葡萄可提早上市，必须提早打破休眠。11月上旬在棚膜上盖草帘，使温室内不见光，并打开通风口通风降温。用20%石灰氮水溶液，于上一年12月10日涂抹无核白鸡心结果枝上的冬芽，处理后无核白鸡心萌芽和果实成熟期分别各提早15天。

四、整形修剪技术

1. 夏季新梢管理

第1年即当年栽植的苗木选留2个新梢作主蔓或通过早摘心诱导出2个新梢作主蔓。副梢留1片叶反复摘心，顶端副梢每延长2～3片叶反复摘心，摘心高度在1.0m左右。第2年及以后每年葡萄萌芽后，及时进行抹芽、疏枝，每个结果母枝选留3～4个生长健壮、整齐且穗大的新梢作为结果枝，其余新梢全部疏除，不留营养枝。每行保留40～45个结果枝，要分布均匀，以利通风透光。

2. 主、副梢摘心处理

在花前1周左右进行摘心处理，花序上留4～5片叶摘心，花序下的副梢全部抹掉，花序上副梢留2～3片叶反复摘心，顶端副梢每延长2～3片叶反复摘心，保证每个果穗有16～20片叶，使其有足够的营养集中于果实，促进果实生长发育。摘心处理要持续到果实采收结束。

果实采收后，主、副梢放松管理，使其延长生长，增加叶面积，促使树体营养积累，为下年丰产做准备，但需每隔20天左右对主、副梢做适度简单修剪。

3. 冬季修剪

采用双蔓或多蔓龙干整形。第1年秋季修剪长度0.8m左右，剪口直径0.8～1.0cm；第2年以后逐年根据植株的生长空间，控制株数、主蔓数及结果母枝数。每行保留植株5～7株，6～12个主蔓，12～18 个结果母枝。在修剪时选择处于下位、粗壮、芽眼饱满的结果枝作为下一年的结果母枝，可根据实际空间大小每个主蔓选留 2 个或 2 个以上结果母枝，结果母枝的剪留长度为 4～6 个芽。为防止结果部位上移，采取"压蔓"或"交叉引蔓"绑缚固定的方法使结果枝的位置保持不变。

五、花果管理技术

1. 控制产量

温室无核白鸡心葡萄优质栽培可实现一年两收。一茬果 6 月初至 7 月末成熟上市，产量控制在 $1000～1500kg/667m^2$，穗重 1kg 左右，穗粒数 90～120 粒，粒重 8～10g；二茬果 9 月份成熟上市，产量为 $500～750kg/667m^2$，穗重 500～700g。在葡萄生产中杜绝早采收，尽量延迟采收，以提高果实品质。

2. 疏花序

自从展穗期开始，保留分化好的果穗，每个结果新梢留 1 穗果，分化不好的果穗及多余的枝梢同时疏除，每行架面保留 40～45 个果穗。

3. 果穗整形及膨大处理

坐果后进行果穗整理，剪除副穗和掐去 1/5 左右的穗尖，对每个小果穗留单层果疏剪，使果穗成柱形或长圆锥形，便于果实膨大发育及产后运输。果粒膨大处理与果穗整形同时进行，用赤霉素 $50×10^{-6}$ 浓度蘸果穗，促进果粒膨大。每次处理的果穗要做好标记，做到不重蘸、不漏蘸。

六、土肥水管理技术

1. 施基肥

葡萄采收后或 10 月下旬，每 $667m^2$ 施发酵后的有机肥 2500kg，采取沟施，沟深 15～30cm。

2. 追肥

视树体生长及产量情况，按 $667m^2$ 生产 1500kg 计算，分别于花前或花后，果实一次膨大期（即果穗整形后）各追 1 次复合肥，以氮、磷、钾有效成分 45%（15：15：15）计算，每次追施 50～60kg，再加微肥 5～10kg；果实二次膨大期（即果实着色期）追施硫酸钾 30kg，同时加入适量饼肥，追肥后要及时灌水。

3. 适时灌水

温室葡萄水分需要人工及时补给。分别在萌芽期、新梢生长期、幼果期、浆果二次膨大及越冬防寒时要及时灌透水，其他时期视土壤墒情适时灌水，以保证葡萄正常生长。

4. 合理间作

葡萄从春季升温到萌芽需 40～50 天，要充分利用这段时间的有效热能及空间，在行间种植小白菜、苦苣等叶菜类蔬菜，于 1 月末至 3 月末上市，恰是北方蔬菜短缺时期，既满足了市场上的需要，又增加了单位面积的温室收入，实现了立体栽培。

七、温室温、湿度管理技术

1. 温度管理

10 月下旬葡萄冬季修剪后，扣上塑料薄膜，盖上草帘，葡萄处于休眠期，温室内控制温度在 $-5～7℃$，冬季温室内葡萄枝蔓不需下架防寒。为了使温室葡萄成熟期延长，避免集中上市，缓解销售矛盾，每年 12 月上旬至 2 月上旬陆续开始揭帘升温催芽。催芽期注意不要升温过快，升温前 2 周温度白天在 15～20℃，夜间 7～15℃，第 3 周后至萌芽前温度白天为 20～25℃，夜间 10～15℃。新梢生长期，白天 25～35℃，夜间 10～15℃，最低温不低于 10℃。花期，白天 22～26℃，夜间 15～20℃，最低不低于 15℃。浆果发育期，白天 25～28℃，夜间 10～22℃。着色成熟期，白天 28～32℃，夜间 14～16℃，此期昼夜温差最好在 10℃以上。

2. 湿度管理

温室栽培条件下要控制温室内的湿度，提高光合作用，减少病害发生。催芽期湿度为 $80\%\sim90\%$，新梢生长期湿度为 $70\%\sim80\%$，花期湿度为 $50\%\sim60\%$，浆果发育期和着色成熟期湿度 $50\%\sim70\%$。为控制温室内湿度要采取膜下滴灌，灌水后要及时打开通风口，将潮湿空气排出棚外，雨前及时关闭通风口，防止雨水淋入。

八、病虫害综合防治技术

温室葡萄栽培，病虫害相对较少、较轻，病害主要有黑痘病、灰霉病及穗轴褐枯病，一般于花前、果实膨大期、果实成熟期，及时喷布 1～2 次广谱性杀菌剂，如多菌灵、大生 M-45、代森锰锌等药剂。虫害主要是介壳虫，一旦发现及时进行人工捕杀，避免使用农药。在越冬下架和第 2 年升温时各打 1 次"光秆药"，药剂为 3～5°Bé 的石硫合剂，杀死枝蔓上越冬的虫卵和病原菌，同时也保持了温室内环境卫生。

典型案例 3

江苏省徐州市贾汪区夏黑葡萄日光温室促成栽培技术

夏黑葡萄又名黑夏、夏黑无核，属欧美杂交种，三倍体，无核，由日本山梨县用巨峰×无核白杂交育成。该品种成熟早、品质优、口感佳、丰产性好、抗病性强、适应性广，既可露地栽培，也可设施栽培。江苏省徐州市贾汪区春季天气多变，夏季高温多雨，秋季天高气爽，冬季寒潮频袭，年平均气温 13.6℃，1 月平均气温 3℃左右，年日照 2100～2360h，年降水量 900mm，湿度变化较为平稳，平均相对湿度 73%，无霜期 200～220 天。2008 年从山西省引进夏黑葡萄进行日光温室促成栽培获得成功，栽植 1330m²，当年结果，平均每 667m² 产量 1000kg，以后的产量一般在 2000kg 左右，比露地栽培提前成熟 30 天。主要栽培技术介绍如下。

一、日光温室结构

日光温室坐北朝南，东西长 80m，南北宽 8m，中柱处高 3m。东西北三面墙体为砖砌夹层墙，夹层为炉渣，后墙高 2.5m，厚 1m，墙面设有 16 个 60cm 见方的通风窗。棚架为钢架结构，前棚面倾斜角 23°，覆盖聚乙烯无滴膜，膜上覆盖草帘保温，由电动卷帘机覆卷草帘。室内无加温设施。

二、露地生长阶段管理（5 月上旬至 11 月中旬）

1. 栽植苗木

葡萄苗选用当年早春扦插的营养钵苗，苗高 15～20cm，有 4～6 片叶，无病虫。在 4 月下旬至 5 月上旬栽植，行距 1.2m，株距 0.5m，每亩栽植 1100 株。栽植时应按照行距挖深、宽各 50cm 的栽植沟。生土和熟土要分开放在沟两侧，挖得上下一般宽，随即将熟土、烂草、圈肥施入，每亩施入土杂肥 3000kg、过磷酸钙 100kg，拌匀后填入沟内踏实，灌水。移栽定植时，将葡萄营养钵幼苗运送到大棚里，按规定标准定植，将营养钵拿掉后，营养土同幼苗一并栽植葡萄沟里，随即覆土，抓紧浇水，栽植深度为 15cm 左右。因幼苗根系嫩，应随后立杆绑缚。

2. 整形修剪

采用独龙干单臂整枝。当年要及早选留主蔓，本着留下不留上、留强不留弱的原则。选留 1 个距地面近的壮枝定蔓（干），其余枝蔓去除，主蔓长到 60～80cm 时进行第 1 次摘心，摘心后各叶腋间的夏芽将陆续抽出副梢，除顶端副梢留 20～30cm 反复摘心延续成长外，其余副梢全部疏除，并及时绑蔓，摘除卷须，促进主蔓增粗和冬芽成熟。

3. 肥水管理技术

施肥应以有机肥为主，一般每亩施有机肥 3000～4000kg 或果树专用肥 500～1000kg。苗长到 30～40cm 时，每隔 30～50 天每株追施复合肥 50～100g。定植至 6 月中旬，气温较高、空气干燥，葡萄苗处于发根长条时期，土壤应保持湿润，7 月梅雨季节，空气湿度大，及时遮盖、排涝。否则易发生徒长，影响花芽分化。

4. 病虫害防治

病害主要有葡萄灰霉病、葡萄白腐病、葡萄霜霉病等。葡萄灰霉病用 50％速克灵可湿性粉剂 1000 倍液防治。葡萄白腐病用 25％粉锈宁可湿性粉剂 1500 倍液防治。葡萄霜霉病用 80％烯酰吗啉 2000 倍液或 64％杀毒矾可湿性粉剂 600 倍液防治。葡萄虫害主要有葡萄透翅蛾与虎天牛，可人工捕杀。

三、日光温室生长发育阶段管理（11 月中旬至次年 5 月中旬）

1. 扣棚强迫休眠

在 11 月葡萄刚进入休眠状态时，灌 1 次透水后，采用扣棚来进行人工强迫休眠，使葡萄生长迅速通过自然休眠。11月中旬扣棚，棚室覆膜后加盖草毡或草帘等物，草毡白天盖上并关闭风口，以保持白天阴凉，夜间揭开草毡并开启棚室风口。集中处理20～30天，葡萄可顺利通过自然休眠。

2. 冬剪及催芽技术

在12月上旬即升温前10天左右冬剪，结果母枝修剪留枝长度原则上在第1次摘心处，即60～80cm处，有6～8个以上饱满芽，具体情况应根据枝条发育情况而定。低温处理结束后，开始升温催芽，开始升温的速度不能太快，前1周温度控制15～17℃，以后每天上午太阳升起时揭开草毡等物，使棚室接受光照升温，下午日落前及时盖上草毡等物进行保温。夜间最低温度控制在5～7℃以上，白天温度可达28℃，以促进花芽形成。为促使提早20～25天萌芽，且萌芽整齐，在开始升温时枝蔓涂抹或喷5倍石灰氮。使用方法是，每亩大棚葡萄用1kg石灰氮兑5kg 30～50℃温水（用陶瓷器皿），反复不停搅拌约1h，使其均匀防止结块。待沉淀后取上部澄清液，用毛刷或棉纱等物蘸药均匀涂枝芽，也可用小喷雾器均匀喷洒枝蔓。40cm以下的枝芽不要涂抹或喷，处理后的枝条，在下部40cm处弯曲水平，固定在铁丝上，保证枝条萌芽整齐。葡萄萌芽后，及时抹去无效枝条和发育不良的弱小果枝，一般每株留结果枝2～4个，每亩留2000～4000个结果枝，每个结果枝留1个果穗。

3. 肥水管理

葡萄萌芽时结合浇萌芽水每亩施尿素25kg。以后重点追施促条、膨果、着色等专用肥料；果实膨大中后期注意磷、钾肥应用。浇水一般结合施肥进行，水量大小要根据土壤墒情而定，果实转色期禁止浇水。

4. 温湿度控制

葡萄萌芽开始生长发育时，日光温室温度，夜间最低7～15℃，白天最高温24～28℃，最适温度20～25℃，空气相对湿度80％～90％。花期温度，夜间低温10～15℃，白天最高温度不能超过 30℃，最适温度 22～26℃，湿度 65％左右，以利于授粉受精。浆果膨大期，白天温度不能超 30℃，以防温度过高引起徒长。葡萄着色至成熟期，白天温度应保持在 25～30℃，夜间 15℃左右，湿度 50％～60％，有利于浆果着色。

5. 花果管理

葡萄在花前每个结果枝应只留 1 个花序。如有 1 枝 2 个花序或 1 枝多个花序，应及时摘除。整花序一般在开花前 5～7 天或初花期，进行掐穗尖去副穗。掐去多少要看果穗长度而定，一般为果穗的 1/4 或 1/5。整花序后可以保留 10 个小支穗。葡萄单株留 2～4 个果穗，平均穗重 0.5～1kg，单株产量 1.5～2kg，亩产 1500～2000kg。在果粒膨大前期及时用剪刀剪掉夹在果穗中的小粒，促使果粒增大饱满，上色一致，果色美观。

花后 15 天果粒如豆粒大小时，用 0.1％吡效隆葡萄膨大素 1 支（10mL 兑水 11.5kg）浸果穗，可使果粒增大 40％以上。

为使葡萄充分着色，将果穗以下的老叶分期或一次摘除，增强通风透光；及时放风排湿，清洁棚膜，增加光照强度；每亩产量控制在 1500～2000kg。

6. 病虫害防治

（1）**彻底清园**　防病的关键是休眠期清园消毒，落叶后结合冬剪要彻底剪除有病枝蔓，刮去可能带菌的老树皮，清除落地的残枝、卷须、烂果等病残体，并集中烧毁。

（2）**萌芽期**　葡萄芽萌动后每株喷 1 次 3～5°Bé 石硫合剂与 0.5％五氯酚钠混合剂。对地面，架杆可直接用 1％五氯酚钠喷洒灭菌，对减少初浸染源有很大作用。

（3）**生长期**　生长期大棚葡萄在生长中由于空气湿度大，应重视防治葡萄灰霉病，开花前喷 1 次 50％速克灵可湿性粉剂 1000 倍液。果实着色期要注意防治葡萄白腐病、葡萄黑痘病、葡萄炭疽病，可喷 75％百菌清可湿性粉剂 600～800 倍液、50％多菌灵可湿性粉剂 1000 倍液、70％甲基托布津可湿性粉剂 600～800 倍液、80％大生 M-45 可湿性粉剂 1000 倍液。

典型案例 4

宁夏青铜峡市、银川市兴庆区日光温室红提葡萄延迟栽培技术

近年来利用高效节能日光温室生产反季节、高档次的红提葡萄，是增加农民收入、提高土地利用率的有效途径。青铜峡市、银川市兴庆区等地是宁夏最早发展日光温室葡萄栽培生产的地区，多年从事日光温室葡萄栽培生产。现将日光温室红提葡萄延迟技术总结如下，以供参考。

一、日光温室建造

选择地形开阔、土地肥沃、无盐渍化、无污染的坡耕地建造。日光温室采用砖墙钢架结构，方位角为正南偏西 $5°\sim7°$，长 $80\sim100m$，跨度 $8.0\sim9.0m$，后墙高 $2.6\sim3.2m$，脊高 $3.5\sim4.0m$，墙基厚 $1.5m$，后屋面净宽 $2.0m$、厚 $0.6m$。棚膜选用优质无滴薄膜。

二、苗木选择与定植

选择品种纯正、无病毒及病虫害的嫁接苗，以春栽为宜。南北行向定植，定植密度 $0.5m\times0.5m\times1.5m$（宽窄行）。栽前按规划设计的定植行为中轴线，开挖宽 $0.8m$、深 $0.6\sim0.8m$ 的施肥沟，沟底填 $10cm$ 左右的作物秸秆，上部施入混合的表土与有机肥，有机肥施入量为 $30000kg/hm^2$，栽后覆地膜。

三、整形修剪

采用单干单臂水平式篱架整形。定植后，芽膨大生长至 $1\sim2cm$ 时，选留下部的 $1\sim2$ 个壮芽，其余芽全部抹除。新梢生长至 $10cm$ 时，选留 1 个枝蔓，其余枝蔓抹除。新梢长至 $30cm$ 时，设支柱引缚，卷须反复掐除，副梢留 $1\sim2$ 叶反复摘心。新梢长至

1.3m 左右时摘心，以后延长梢每留 3～5 片叶再次摘心，其余副梢留 1～2 片叶反复摘心。冬剪时先将每株的一年生枝顺一个方向向北引缚到第一道铁丝上（即 0.7m 处），呈水平状态，然后在相邻株交接处剪截形成单臂，呈倒"L"形。翌年萌芽后，在每株的单臂上每隔 15～20cm 选留 1 个结果枝，并向上引缚到上部的铁丝上，其余芽和新梢抹除。在第 1 道铁丝下部的主干上选留 1 个健壮新梢，摘去花序做预备母枝，并直立引缚到上部的铁丝上。结果枝在开花前 3～5 天摘心，延长梢留 8～10 片叶摘心，以后 3～5 片叶反复摘心，副梢留 1～2 片叶反复摘心。主干上选留的新梢留 6～8 片叶摘心，延长梢每次留 5 片叶摘心，副梢留 1～2 片叶反复摘心。冬剪时进行回缩修剪，剪除单臂，用预备结果母枝替换原单臂。以后各年依次反复进行。

四、肥水管理

定植后灌水不施肥。苗高 10～15cm 时，株施尿素和磷酸二铵的等量混合肥 50g，并及时灌水，以后每次施肥、灌水间隔 20～30天。落叶后施基肥，在宽行间开施肥沟，深 0.4m，宽 0.5m，施入充分腐熟的有机肥 45000kg/hm²，磷肥 2250kg/hm²，施后灌水。萌芽开花前株施尿素 50g 和磷酸二铵 60g 混合肥，及时灌水。花前 3～5 天，喷施 0.2%～0.3% 硼砂液。果实膨大期沟施磷钾复合肥 450kg/hm²，并及时灌水；着色期追施硫酸钾 300kg/hm²，施后灌水。

五、花果管理

栽后第 2 年株留 1～2 穗，第 3 年以后株留 2～3 穗。花前剪除花穗基部的第 1～2 个披肩穗，且每隔 2 个分枝剪去 1 个分枝，掐去整个花序 1/4 的穗尖。幼果绿豆粒大小时，疏除小果、僵果、畸形果、有伤果以及过密过紧的幼果，每穗留幼果 100 粒左右。幼果黄豆粒大小时，第 2 次疏果，每穗保持 80 粒左右。进行疏果和浸蘸防病药剂后，应选用专用葡萄袋及时进行果穗套袋，直到果实采收时摘袋。

六、温湿度调控

日光温室 5 月 1 日后开始升温，升温缓慢进行。前 3 周不开通风口。升温期白天 15～18℃，夜间 5～6℃；萌芽至开花前白天15～25℃，夜间 10～15℃；花期白天 25～28℃，夜间 15～18℃；膨大期白天 28～30℃，夜间 18～20℃；着色至采收期白天 28℃左右，夜间 15～20℃。升温期棚内空气湿度为 90％左右，花前湿度为 60％左右，花期湿度为 50％左右，膨大期湿度为 70％左右，成熟至采收期湿度为 50％。

七、病虫害防治

苗木检疫，杜绝病虫源。落叶 2 周后和发芽前 3 周各喷施 3°Bé石硫合剂 1 次，并彻底清扫落叶、残枝，集中烧毁；生长期交替使用波尔多液、多菌灵、甲基托布津等药剂，预防黑痘病、灰霉病、炭疽病、霜霉病等病害发生。花期不喷药，采收前 20 天禁止喷药。

典型案例 5

辽宁省新民、台安及盘锦地区着色香葡萄温室丰产栽培技术

　　着色香是辽宁省盐碱地利用研究所选育的鲜食兼酿造葡萄新品种，2009 年 8 月通过辽宁省种子管理局审定备案。着色香是玫瑰露（Delaware）作母本、罗也尔玫瑰（Royal Rose）作父本杂交育成，属欧美杂交种。果穗圆柱形带副穗，平均单穗重 175.0g，大穗重 250.0g，果粒着生紧密；果粒椭圆形，平均粒重 5.0g，无核处理后果粒变长，可达 6～7g，果穗变重约 500g；成熟果粒紫红色，果粉中多，不裂果；果皮薄，果肉绿色，肉软，稍有肉囊，果汁绿色，具有浓郁的茉莉香味，品质极上等；可溶性固形物含量 18.00%，含糖量 17.47%，含酸量 0.55%，出汁率 78.00%。在辽宁省盘锦地区，露地果实 8 月下旬成熟，果实发育期 120 天左右，温室 6 月初上市，是早中熟品种，适合在葡萄主产区露地和保护地栽培。近年来，研究人员在辽宁省新民、台安及盘锦等地对着色香葡萄进行了温室栽培试验，对着色香葡萄的栽培表现和丰产栽培技术进行了深入研究，认为该品种不仅外观美丽，香味浓郁，不脱粒，耐运输，易管理，而且抗病、抗寒、耐盐碱、早熟、丰产、稳产、优质、市场售价高，可在我国适宜地区大力发展。现总结着色香葡萄温室丰产栽培技术。

一、土壤改良

　　通过增施有机肥，结合土壤深翻施入优质腐熟厩肥 90～120t/hm² 或腐熟鸡粪 45～60t/hm²，对盐碱土或砂砾土进行改良，以改善土壤结构，增强土壤缓冲能力，协调水肥气热环境。挖深、宽各 80cm 的定植沟，沟底铺厚 20cm 的稻草，并分别施入充分腐熟的有机肥 1000kg、过磷酸钙 100kg，将肥料与表土充分混匀，回填，并浇水沉实。

二、栽培密度

温室葡萄生产宜采用南北行向双行篱架栽植，大、小行距分别为 2.0m、0.5m，株距 0.5m。栽植密度约 1.5×10^4 株/hm²。温室前脚留宽 1m 的空间，北侧留宽 1m 的作业道。定植前，用清水浸泡苗木 24h 或将苗木浸蘸泥浆；适当短截主根，使根系在穴中向四周充分伸展，回填细土与地面平齐，踏实后浇水。定植后留 3～4 个饱满芽定干，盖地膜。

三、枝蔓管理

秋季落叶后，修剪留单蔓，剪留高度 1.0～1.2m。翌年萌芽后，抹掉基部 0.3m 以下的全部芽，每株选留新梢 6～8 个，株高不超过 1.6m，以促进通风透光。其他生长季管理措施同露地栽培。

四、合理负载

促早栽培中，产量控制在 22.5～30.0t/hm²。具体应以株定产，如栽植 1.5×10^4/hm²，则株产为 1.2～1.5kg，若每穗重 500g，则每株留 3～4 穗。

五、休眠管理

着色香休眠期较短。秋季修剪后，于 10 月末覆无滴棚膜，上盖防寒被或草苫，以使其尽快通过休眠。此时，白天需放下草苫，避免阳光照射；夜间揭苫，并打开通风口，以降低棚内温度，促进提早休眠。白天棚内温度降至 0～7℃，葡萄即进入休眠状态，可不再揭苫。

六、升温催芽

扣棚后 30～45 天，于 12 月中下旬催芽。如地面和枝蔓覆盖地膜，温室草帘开始晨揭晚盖，日夜关闭通风口，创造温暖湿润的条件。同时，喷施20％石灰氮上清液，促进冬芽萌发。这一阶段注重提升地温，升温要缓慢，第1周维持白天气温低于15℃，第2周维持白天气温18～20℃，以后控制白天气温25～26℃。

七、生长期温、湿、光、气的调控

1. 温度

萌芽后至开花前、花期分别维持最低温度在10℃以上、15℃以上。萌芽后至开花前温度高于28℃注意通风。花期最适温度控制在18～28℃。浆果着色后，夜间温度约维持在15℃，白天温度28～32℃，以促进着色，提高可溶性固形物含量。

2. 湿度

萌芽至花序伸出期、花序伸出后、开花至坐果期、坐果后分别维持室内空气相对湿度80％左右、70％左右、65％～70％、75％～80％。忌湿度过大。可通过地膜下暗灌和滴灌，用烟雾剂和粉尘剂防病，不用喷雾；经常通风换气，降低室内空气湿度。

3. 光照

葡萄为喜光果树，可通过选用无滴膜，并保持膜内外清洁，同时室内北墙张挂银灰色反光幕；或冬季在室内每3m设置1个40W的白炽灯，每天补光14h，来增加室内光照。果实成熟期应补光，以增加葡萄的糖度，促进成熟。

4. 二氧化碳

冬春季节，温室内二氧化碳浓度仅$1×10^{-4}$，室外为$3×10^{-4}$，较低。温室葡萄高产优质的二氧化碳浓度为$9×10^{-4}$。可用二氧化碳发生器或释放袋装二氧化碳气肥补充二氧化碳，增产达20％，增温2℃左右。

八、肥水管理

9月底，在行间挖宽30cm、深40cm的施肥沟，基施腐熟鸡粪、牛粪或土杂肥45～75t/hm²，并配施氮、磷化肥，施后浇足水。萌发

前追施尿素 $300\sim450t/hm^2$ ；坐果后追施磷酸二铵、尿素各 $225\sim$ $300t/hm^2$ 、硫酸钾 $375t/hm^2$ ，追后浇水。开花期忌施肥浇水。

九、植株与花果管理

1. 定梢与扭梢

葡萄新梢长到 $4\sim5$ 片叶时，每株保留生长健壮、长势均匀、花穗较大的结果新梢 $3\sim4$ 个，其余全部抹除。当顶端较旺新梢长到 20cm 时，将基部扭伤，使生长速度放慢，以使结果枝在开花前长势一致。

2. 定穗与穗形整理

开花前，定穗。留新梢 2 穗，并摘除副穗，剪去穗尖 1/3，使穗重保持在 500g 左右。

3. 膨大与无核剂处理

花前 $10\sim14$ 天，用 50mg/L 赤霉素＋200mg/L 链霉素处理；花后 $10\sim14$ 天，用 50mg/L 赤霉素＋2mg/L 吡效隆处理。用广口杯浸穗，必须细致周到。

4. 摘心与副梢

初花期，在结果枝花穗以上保留 $5\sim6$ 片叶摘心。摘心后，发生的副梢只保留 $1\sim2$ 个，其余全部去除，并对副梢保留 $2\sim4$ 片叶反复摘心，以保证坐果。

5. 去卷须与绑缚

新梢 30cm 长时，用布条或塑料绳将结果新梢呈扇形均匀绑缚在篱架铁丝上，以使枝叶分布均匀。

十、病虫害防治

花期注意通风降湿，花前喷施百菌清或甲基托布津 800 倍液，防止灰霉病发生。用杀灭菊酯 2000 倍液和齐螨素 4000 倍液防治叶片受叶蝉、葡萄虎蛾、叶螨危害。

参考文献

[1] 赵有峰，冯廷瑞，赵世春.冀西北地区日光温室巨峰葡萄栽培技术［J］.河北农业科技，2002，10：22.

[2] 赵常青，王世洪，崔连柱，蔡之博.日光温室无核白鸡心葡萄栽培技术总结［J］.中外葡萄与葡萄酒，2010，11：41-42.

[3] 崔景双.无核白鸡心葡萄温室栽培技术［J］.现代农业科技，2009，24：123-124.

[4] 吕义，王世洪，程纲.温室无核白鸡心葡萄优质栽培技术［J］.中外葡萄与葡萄酒，2011，3：36-37.

[5] 杨宝臣.红提葡萄日光温室栽培管理与病虫害防治技术［J］.中国西部科技，2011，10：50，68.

[6] 孟庆林，魏荣富.辽西日光温室红提葡萄栽培技术［J］.西北园艺，2013，8，29-30.

[7] 沈炼平，刘桃树.日光温室红提葡萄延迟栽培技术［J］.宁夏农林科技，2012，53（06）：58，70.

[8] 沈炼平，刘桃树.北方日光温室红提葡萄延迟栽培技术［J］.农村实用技术，2013，1：14-15.

[9] 闫玲鲁.夏黑葡萄日光温室促成栽培技术［J］.落叶果树，2016，46（2）：42-43.

[10] 杨立柱，王柏秋，王妮妮等.着色香葡萄温室丰产栽培技术［J］.现代农业科技，2012，2：110，113.

[11] 石晓丽，李敬岩，郭亚光等.阜新地区葡萄日光温室栽培技术［J］.落叶果树，2016，48（1）：45-47.

[12] 翟秋喜，李向东，杨凯.温室葡萄"V"形整枝"W"型叶幕结构研究［J］.山西果树，2006，6：6-7.

[13] 秦国新，张鹏飞，翟秋喜等.温室葡萄高光效整枝新模式——FI树形［J］.山西农业大学学报，2005，9：76-80.

[14] 蒲曙光.葡萄设施栽培技术的研究现状及发展趋势［J］.安徽农学通报，2008，14（9）：154-155.

[15] 王晨，王涛，房经贵等.果树设施栽培研究进展［J］.江苏农业科学，2009，4：197-200.

[16] 王玉忠，邵军辉，黄步青.设施葡萄产业发展现状与对策［J］.农业科技与信息，2011，9：36-37.

[17] 高东升.中国设施果树栽培的现状与发展趋势［J］.落叶果树，2016，48（1）：1-4.

[18] 王海波，王孝娣，王宝亮等.我国设施葡萄产业现状及发展对策［J］.中外葡萄与

葡萄酒，2009，9：61-65.

[19] 王海波，王孝娣，王宝亮，等.中国北方设施葡萄产业现状、存在问题及发展对策 [J].农业工程技术．温室园艺，2011，1：21-24.

[20] 孟新法，陈端生，王坤范.葡萄设施栽培技术问答 [M].北京：中国农业出版社，2006.

[21] 孙小娟，陵军成.葡萄延迟栽培技术 [M].兰州：甘肃科学技术出版社，2014.

[22] 蔡之博，赵常青，康德忠，等.沈阳地区日光温室葡萄实现连续丰产的树体管理方法 [J].中外葡萄与葡萄酒，2012，2：36-38.

[23] 谢计蒙，王海波，王孝娣，等.设施促早栽培适宜葡萄品种的筛选与评价 [J].中国果树，2012，4：36-40.

[24] 刘延松，李桂芬.设施栽培条件下葡萄盛花期的光合特性 [J].园艺学报，2003，30（5）：568-570.

[25] 刘延松，李桂芬.葡萄设施栽培生理基础进展.园艺学报，2002，29：624-628.

[26] 杨治元.葡萄100个品种特性与栽培 [M].北京：中国农业出版社，2007.

[27] 赵常青，蔡之博，康德忠，等.葡萄促成栽培休眠障碍与花芽分化异常表现与解决方法 [J].中外葡萄与葡萄酒，2013，3：32-33.

[28] 赵宝龙，郁松林，刘怀锋，等.日光温室葡萄促早高效套袋栽培技术 [J].北方园艺，2013，4：51-53.

[29] 周岩峰，李娟，刘超，等.维多利亚葡萄沙地日光温室丰产栽培技术 [J].山西果树，2012，3：16-17.

[30] 冯晋臣.高效节水根灌栽培新技术 [M].北京：金盾出版社，2008.

[31] 王忠跃.中国葡萄病虫害与综合防控技术 [M].北京：中国农业出版社，2009.

[32] 吕印谱，马奇详.新编常用农药使用简明手册 [M].北京：中国农业出版社，2013.

[33] 修德仁，商佳胤.葡萄产期调控技术 [M].北京：中国农业出版社，2012.

[34] 陈大庆，王兴平，管小英.浅谈张掖市设施延后葡萄产业发展中的误区 [J].甘肃林业科技，2013，38（2）：40-41.

[35] 郭景南，魏志峰，高登涛等.葡萄设施延迟栽培适宜地区与品种 [J].西北园艺，2012，2：11-13.

[36] 蒋锦标，卜庆雁.果树生产技术（北方本）[M].北京：中国农业出版社，2011.

[37] 李青云.园艺设施建造与环境调控 [M].北京：金盾出版社，2008.

[38] 刘捍中，刘风之.葡萄无公害高效栽培 [M].北京：金盾出版社，2009.

[39] 孙培琪，刘婧，贾建民.不同药剂对打破玫瑰香葡萄芽休眠的效果研究 [J].中国农学通报，2011，27（8）：222-225.

[40] 韩秀鹏.鄯善县棚架式设施葡萄周年管理工作历 [J].现代园艺，2012，17：83-84.

[41] 刘志民，马焕普.优质葡萄无公害生产关键技术问答［M］.北京：中国农业出版社，2008.

[42] 李茂松.葡萄品种无核早红和维多利亚在河北饶阳设施栽培技术［J］.果树实用技术与信息，2013，8：18-19.

[43] 宋文章，马永明.葡萄栽培图说［M］.上海：上海科学技术出版社，2012.

[44] 李青云.园艺设施建造与环境调控［M］.北京：金盾出版社，2008.

[45] 卜庆雁，周晏起.葡萄优质高效生产技术［M］.北京：化学工业出版社，2012.

[46] 陈永明，朱屹峰.醉金香葡萄无核化设施栽培技术（上）［J］.新农村，2013，8：20-21.

[47] 陈永明，朱屹峰.醉金香葡萄无核化设施栽培技术（下）［J］.新农村，2013，9：20-21.

[48] 王西平，张宗勤.葡萄设施栽培百问百答［M］.北京：中国农业出版社，2015.

[49] 吾尔尼沙·卡得尔，李疆.吐鲁番地区设施火焰无核葡萄春提高栽培技术［J］.现代农村科技，2013，10：68-69.

[50] 张志峰.设施葡萄周年管理技术［J］.现代农村科技，2012，20：23-24.

[51] 郝燕燕，郝瑞杰.葡萄设施栽培技术［M］.北京：中国农业出版社，2006.

[52] 秦占毅，任健.甘肃敦煌戈壁荒漠地区葡萄日光温室的建造及建园技术［J］.果树实用技术与信息，2013，2：21-22.

[53] 张铁兵.河北饶阳葡萄温室栽培关键技术［J］.果树实用技术与信息［J］，2013，9：19-20.

[54] 王世平，张才喜.葡萄设施栽培［M］.上海：上海教育出版社，2005.

[55] 秦卫国，木合塔尔·艾合买提，费全风等.无加温温室葡萄生长发育特性研究［J］.中外葡萄与葡萄酒，2004，1：27-29.

[56] 邵军辉.高海拔冷凉地区设施延后葡萄休眠期管理技术［J］.果农之友，2013，3：15.

[57] 荆志强，王恒振，李丰国等.山东平度大泽山地区泽香葡萄延迟栽培技术［J］.中外葡萄与葡萄酒，2013，4：39-40.

[58] 董清华，朱德兴，张锡金等.葡萄栽培技术问答［M］.北京：中国农业出版社，2008.

[59] 王江柱，赵胜建，解金斗.葡萄高效栽培与病虫害看图防治［M］.北京：化学工业出版社，2012.

[60] 石雪晖.葡萄优质丰产周年管理技术［M］.北京：中国农业出版社，2003.

[61] 梁秋云.竞秀葡萄日光温室栽培技术［J］.中国果树，2005，4：55-56.

[62] 汪学成.设施红地球葡萄延后栽培提质增效关键技术［J］.河北果树，2013，4：24-27.